算法趣学

（第2版）

英昌盛　赵洋　孙宏宇　李闯◎编著

清华大学出版社
北京

内 容 简 介

本书系统介绍程序设计中各种常用的基础算法及典型案例,包括排序算法、递归算法、数论基础、组合数学基础、贪心算法、分治算法、动态规划算法和回溯算法等内容。

全书以图文并茂的方式讲解各基础算法的分析过程,侧重基础算法的深入理解与实践,配有大量图表辅助算法的分析过程,适用于有一定程序设计基础、尚未学习数据结构且对算法分析与设计感兴趣的算法初学者。

本书各章均配有典型案例和大量图表,既便于教师课堂讲授,也适合读者自学,可作为高等院校"程序设计基础"课程的延伸和"算法分析与设计"课程的入门教材,也可供程序设计竞赛初学者参考。

版权所有,侵权必究。举报: 010-62782989,beiqinquan@tup.tsinghua.edu.cn。

图书在版编目(CIP)数据

算法趣学/英昌盛等编著. -- 2版. -- 北京:清华大学出版社,2025.4.
ISBN 978-7-302-68929-4

Ⅰ. TP301.6

中国国家版本馆 CIP 数据核字第 2025GP0191 号

责任编辑:袁勤勇　薛　阳
封面设计:杨玉兰
责任校对:郝美丽
责任印制:刘海龙

出版发行:清华大学出版社
网　　址:https://www.tup.com.cn,https://www.wqxuetang.com
地　　址:北京清华大学学研大厦A座　　邮　编:100084
社 总 机:010-83470000　　邮　购:010-62786544
投稿与读者服务:010-62776969,c-service@tup.tsinghua.edu.cn
质量反馈:010-62772015,zhiliang@tup.tsinghua.edu.cn
课件下载:https://www.tup.com.cn,010-83470236
印 装 者:三河市铭诚印务有限公司
经　　销:全国新华书店
开　　本:185mm×260mm　　印　张:14.5　　字　数:338千字
版　　次:2021年8月第1版　2025年5月第2版　印　次:2025年5月第1次印刷
定　　价:58.00元

产品编号:103268-01

前言

"算法分析与设计"的课程目标是培养运用数学思维和计算思维分析问题与应用所学专业知识解决问题的能力。通过对基础理论和典型案例的学习，读者能够掌握算法设计的方法和技巧，为后续数据结构等相关课程的学习及参加各类学科竞赛奠定基础。

在学习本书内容之前，读者应具备一定的编程基础，能够熟练运用 C、C++、Java、Python 等至少一门编程语言，无须具备数据结构基础知识。本书是程序设计基础和算法分析与设计之间的过渡，为刚刚学习过程序设计基础的算法入门者量身定制。

本书的主要特点是算法知识"基础化"和分析过程"图表化"，只要求读者具备程序设计基础知识，重在兴趣与入门，不涉及艰深晦涩的内容。以图表方式给出算法的动态分析过程，使读者能够真正理解和掌握算法的本质，能够根据实际工作设计和优化算法。

全书由 9 章构成，各章具体内容如下。

第 1 章：环境搭建。主要介绍 Windows 操作系统下学习环境的搭建及注意事项。

第 2 章：排序算法。介绍冒泡排序、选择排序、插入排序和计数排序等常见排序算法。

第 3 章：递归算法。分析递归算法的本质特征，并通过递归算法求解汉诺塔、全排列、因数分解和分形图形问题。

第 4 章：数论基础。介绍数论的基本概念及性质，分析素数和同余两类典型的数论基础问题。

第 5 章：组合数学基础。介绍组合数学的基本概念和性质，分析排列和组合生成的典型算法。

第 6 章：贪心算法。介绍结构体类型，分析活动时间安排、最优装载、可切割背包、删数问题及操作系统内存分配等典型贪心算法案例。

第 7 章：分治算法。介绍分治算法的基本思想，应用分治思想求解快速排序、归并排序、二分查找、循环赛及大整数乘法问题。

第 8 章：动态规划算法。介绍动态规划算法的特点和解题过程，利用动态规划算法求解数字三角形、最长公共子序列、编辑距离、0-1 背包问题及石子合并问题。

第 9 章：回溯算法。介绍回溯算法的解题思路，通过图表详细分析八皇后问题、子集和问题、0-1 背包问题、装载问题及任务分配问题的探索和回溯过程。

算法分析与设计的核心是体会和实践，讲授是基础，实践是关键。本书提供各典型案例相关的全部源代码（C 和 C++ 版本，在 Visual C++ 2010、Visual C++ 2019 及 Code::Blocks 中调试通过）。

本书由吉林师范大学教材出版基金资助，是授课教师多年教学经验的总结，但由于编者水平所限，书中难免存在遗漏和不足之处，敬请读者批评指正，在此表示诚挚谢意。

编　者

2025 年 1 月

目 录

第 1 章 环境搭建 ·· 1
  1.1 Microsoft Visual C++ 2010 学习版的使用 ·· 1
    1.1.1 Visual C++ 2010 学习版的安装 ·· 2
    1.1.2 创建、编辑、编译和运行项目 ·· 4
    1.1.3 为什么缺少很多选项 ·· 8
    1.1.4 为什么一闪而过 ·· 9
    1.1.5 其他配置选项 ··· 11
  1.2 Code∷Blocks 的使用 ··· 14
    1.2.1 安装 Code∷Blocks ·· 14
    1.2.2 创建项目和编辑源代码 ·· 16
    1.2.3 调试 ··· 20

第 2 章 排序算法 ·· 23
  2.1 冒泡排序 ·· 23
    2.1.1 冒泡排序的基本思想 ·· 23
    2.1.2 冒泡排序过程分析 ·· 24
    2.1.3 冒泡排序代码分析 ·· 26
  2.2 选择排序 ·· 28
    2.2.1 选择排序的基本思想 ·· 28
    2.2.2 选择排序过程分析 ·· 29
    2.2.3 选择排序代码分析 ·· 30
  2.3 插入排序 ·· 31
    2.3.1 插入排序的基本思想 ·· 31
    2.3.2 插入排序过程分析 ·· 32
    2.3.3 插入排序代码分析 ·· 33
  2.4 计数排序 ·· 35
    2.4.1 计数排序的基本思想 ·· 35
    2.4.2 计数排序过程分析 ·· 36
    2.4.3 计数排序代码分析 ·· 38
    2.4.4 统计句子中字母出现的次数 ·· 40
  算法设计练习 ··· 42

第3章 递归算法 ... 43

3.1 汉诺塔问题 ... 43
3.1.1 汉诺塔问题解题思路分析 ... 43
3.1.2 汉诺塔问题代码分析 ... 45

3.2 全排列问题 ... 46
3.2.1 无重复元素的全排列 ... 47
3.2.2 有重复元素的全排列 ... 49

3.3 因数分解问题 ... 52
3.3.1 因子递增方式递归求解 ... 53
3.3.2 子问题分解方式递归求解 ... 54
3.3.3 因数分解问题代码分析 ... 54

3.4 分形图形 ... 56
3.4.1 盒分形思路分析 ... 56
3.4.2 盒分形代码分析 ... 57

算法设计练习 ... 59

第4章 数论基础 ... 60

4.1 余数和最大公约数 ... 60
4.1.1 余数 ... 60
4.1.2 最大公约数 ... 63
4.1.3 欧几里得算法 ... 63

4.2 素数问题 ... 65
4.2.1 素数的概念 ... 65
4.2.2 素数相关的定理 ... 65
4.2.3 筛选法求素数 ... 66

4.3 同余问题 ... 74
4.3.1 同余及其性质 ... 74
4.3.2 线性同余 ... 75

算法设计练习 ... 92

第5章 组合数学基础 ... 94

5.1 排列生成算法 ... 94
5.1.1 序数生成法 ... 95
5.1.2 字典序生成法 ... 99
5.1.3 "火星人"问题 ... 100

5.2 组合生成算法 ... 102
5.2.1 基于字典序的组合生成算法 ... 103
5.2.2 基于格雷码的组合生成算法 ... 107

算法设计练习 ··· 116

第 6 章　贪心算法 ··· 117
6.1　结构体 ··· 117
6.2　贪心算法概述 ··· 119
6.3　活动时间安排 ··· 120
6.3.1　活动安排过程分析 ··· 121
6.3.2　活动安排代码分析 ··· 123
6.4　最优装载问题 ··· 125
6.4.1　最优装载问题过程分析 ··· 125
6.4.2　最优装载问题代码分析 ··· 126
6.5　可切割背包问题 ··· 128
6.5.1　可切割背包问题分析 ··· 128
6.5.2　可切割背包代码分析 ··· 130
6.6　删数问题 ··· 132
6.7　操作系统内存分配 ··· 134
6.7.1　First Fit 内存分配 ··· 136
6.7.2　Best Fit 内存分配 ··· 137
6.7.3　Worst Fit 内存分配 ··· 139
算法设计练习 ··· 141

第 7 章　分治算法 ··· 142
7.1　快速排序 ··· 143
7.1.1　快速排序过程分析 ··· 143
7.1.2　快速排序代码分析 ··· 144
7.2　归并排序 ··· 146
7.2.1　归并排序过程分析 ··· 146
7.2.2　归并排序代码分析 ··· 147
7.3　二分查找 ··· 149
7.3.1　二分查找过程分析 ··· 149
7.3.2　二分查找代码分析 ··· 150
7.4　循环赛 ··· 152
7.4.1　2^k 循环赛日程表 ··· 152
7.4.2　奇偶循环赛日程表 ··· 155
7.5　大整数乘法 ··· 160
7.5.1　大整数乘法过程分析 ··· 160
7.5.2　大整数乘法代码分析 ··· 161
算法设计练习 ··· 165

第 8 章　动态规划算法　　166

8.1　数字三角形　　166
8.1.1　使用朴素递归求解数字三角形问题　　167
8.1.2　使用动态规划算法求解数字三角形问题　　168

8.2　最长公共子序列　　175
8.2.1　最长公共子序列问题过程分析　　175
8.2.2　最长公共子序列问题代码分析　　176

8.3　编辑距离　　180
8.3.1　编辑距离的正向生成　　180
8.3.2　操作序列的逆向回溯　　182

8.4　0-1 背包问题(一)　　186
8.4.1　0-1 背包问题过程分析　　186
8.4.2　0-1 背包问题代码分析　　187

8.5　石子合并　　191
8.5.1　石子合并问题过程分析　　192
8.5.2　石子合并问题代码分析　　193

算法设计练习　　201

第 9 章　回溯算法　　202

9.1　八皇后问题　　202
9.1.1　八皇后问题过程分析　　202
9.1.2　八皇后问题代码分析　　204

9.2　子集和问题　　207
9.2.1　子集和问题过程分析　　208
9.2.2　子集和问题代码分析　　209

9.3　0-1 背包问题(二)　　211
9.3.1　0-1 背包问题过程分析　　211
9.3.2　0-1 背包问题代码分析　　213

9.4　装载问题　　216
9.4.1　装载问题过程分析　　216
9.4.2　装载问题代码分析　　216

9.5　任务分配问题　　219
9.5.1　任务分配问题过程分析　　219
9.5.2　任务分配问题代码分析　　219

算法设计练习　　222

参考文献　　224

第 1 章

环境搭建

"工欲善其事,必先利其器",设计优良的开发环境能够提供拼写和语法检查、代码自动补全及代码重构等辅助功能,可以简化开发过程,大幅提高工作效率,使学习者只需关注业务处理。本章介绍基于 Windows 操作系统的开发环境搭建,与基于 Linux 内核的操作系统下部署开发环境的步骤相似,读者可根据开发环境对应的帮助文档进行操作。

同一算法可以使用不同编程语言实现,各种编程语言各有优劣,鉴于使用 C 和 C++ 的读者较多,本书采用 C 语言进行描述,同时提供 C 和 C++ 两种代码供读者学习。在 Windows 操作系统下,C/C++ 语言的集成开发环境很多,包括 Visual Studio Code、Visual Studio、JetBrains CLion 和 Code∷Blocks 等。本章以免费、轻量级且辅助功能较好的 Visual C++ 学习版和 Code∷Blocks 为例介绍学习环境的搭建。

1.1 Microsoft Visual C++ 2010 学习版的使用

在 Windows 平台下,Visual Studio 集成开发环境功能强大,各版本功能上的差异如图 1-1 所示。Visual Studio 企业版和专业版体积较大且需付费,Visual Studio 学习版具备专业版的大部分功能而且提供免费下载。对于高版本 Visual Studio,微软公司提供

支持的功能	Visual Studio 社区 免费下载	Visual Studio Professional 购买	Visual Studio 企业 购买
支持的使用方案	●●●○	●●●●	●●●●
开发平台支持	●●●●	●●●●	●●●●
集成式开发环境	●●●○	●●●○	●●●●
高级调试与诊断	●●●●	●●●●	●●●●
测试工具	●○○○	●○○○	●●●●
跨平台开发	●●○○	●●○○	●●●●
协作工具和功能	●●●●	●●●●	●●●●

图 1-1 Visual Studio 2019 各版本功能差异

Community 版(社区版)下载,社区版无须付费且具有 Visual Studio 专业版的所有重要功能。与社区版相比,Visual Studio 学习版少了一些高级功能,但体积更小。

从 2019 版开始,Visual Studio 只能在 Windows 10 环境下安装,且不提供离线 DVD 安装镜像。考虑到读者的实际需要,本节介绍 Visual C++ 2010 学习版(2018 年 3 月起,NCRE 二级 C 和 C++ 语言的考试环境更换为 Microsoft Visual C++ 2010 学习版)的安装,读者也可尝试其他版本。

1.1.1　Visual C++ 2010 学习版的安装

Visual Studio 社区版或学习版的高版本离线安装包通常较大,多采用在线安装方式,在网络条件差或对功能要求不高的情况下使用低版本更适宜。在微软官方网站或其他可信渠道下载 Microsoft Visual C++ 2010 学习版安装包/镜像文件,将之解压到计算机磁盘的某个文件夹下,就可以开始安装过程。

1. 定位安装文件夹,准备安装

定位到解压缩后的 Visual C++ 2010 学习版文件夹,找到 setup.exe 安装程序(若文件的"查看"选项设置为"隐藏已知文件类型的扩展名"则显示为 setup),双击开始安装,如图 1-2 所示。

2. "许可条款"对话框

启动安装程序后,会自动复制必要的安装文件到系统中,复制完成后会进入下一安装环节。按照默认选项,直接单击"下一步"按钮,直到"许可条款"对话框出现。在"许可条款"对话框中,选中"我已阅读并接受许可条款"选项,然后单击"下一步"按钮,如图 1-3 所示。

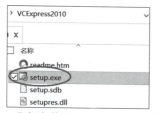

图 1-2　准备安装 Visual C++ 2010 学习版

图 1-3　"许可条款"对话框

3. "安装选项"对话框

在"安装选项"对话框中,可根据需求安装可选组件。在本对话框中,不勾选任何选项,单击"下一步"按钮继续,如图 1-4 所示。

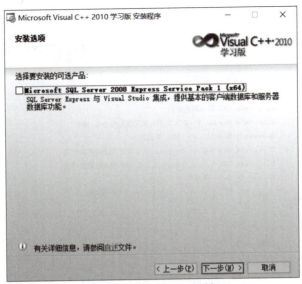

图 1-4 "安装选项"对话框

4. "目标文件夹"对话框

在"目标文件夹"对话框中，可修改 Visual C++ 2010 学习版的默认安装位置。鉴于安装包占用空间不大，保持默认安装位置，单击"安装"按钮继续安装进程，如图 1-5 所示。

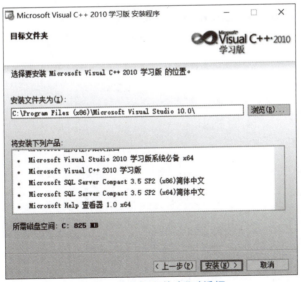

图 1-5 "目标文件夹"对话框

接下来，安装程序会自动安装必要的组件，并在"安装进度"对话框中显示当前安装进度信息，如图 1-6 所示。

当所有组件安装完毕且未出现错误的情况下，会弹出"安装完成"对话框，如图 1-7 所示。在该对话框中可以通过超链接访问 Windows 更新。此处不作任何处理，单击"退出"按钮完成安装过程。

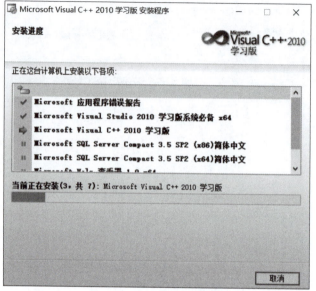

图 1-6 "安装进度"对话框

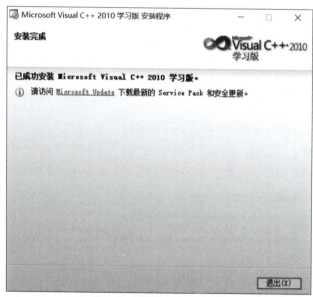

图 1-7 "安装完成"对话框

1.1.2 创建、编辑、编译和运行项目

在 Visual C++ 2010 学习版中通过解决方案和项目对源代码及相关文件进行管理。使用 Visual C++ 2010 学习版创建、编辑、编译和运行项目的具体步骤如下。

1. 启动 Visual C++ 2010 学习版

安装完成后,从开始菜单项中找到 Visual C++ 2010 学习版对应的条目,如图 1-8 所示。单击启动 Visual C++ 2010 学习版。

图 1-8　Visual C++ 2010 学习版的启动菜单项

2. Visual C++ 2010 学习版起始页

第一次启动 Visual C++ 2010 学习版时，会进行一些必要的配置，需要稍等一会儿才能进入起始页面。在起始页面中，可通过"入门"教程学习如何使用 Visual C++ 2010 学习版，可以查看与产品相关的新闻消息，也可以通过"新建项目"或"打开项目"选项创建项目或打开已保存的项目，如图 1-9 所示。

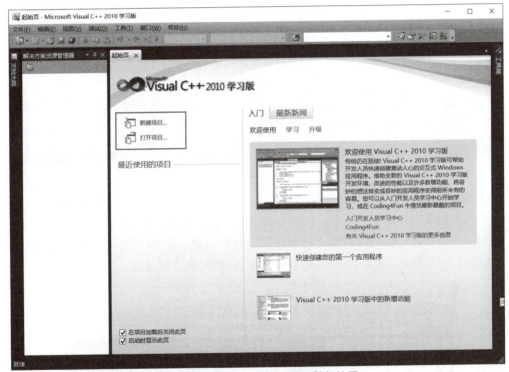

图 1-9　Visual C++ 2010 学习版起始页

若未曾创建过项目或者需要创建新的项目，可以单击"新建项目"选项，按照向导一步一步创建新项目。若已经创建过项目，可在"最近使用的项目"列表中直接单击并打开对应的项目，或者选择"文件"→"打开"→"项目和解决方案"命令启动"打开项目"对话框从而打开已经创建的项目。

3. 创建新项目

在起始页面中，可通过单击"新建项目"选项的方式创建项目，或者选择"文件"→"新建"→"项目"命令以创建项目。在"新建项目"对话框中，选择 Visual C++ 模板①→"空项目"类型②,输入 firstExample 作为新项目的名称③,取消勾选"为解决方案创建目录"复选框④,确定好保存位置⑤,然后单击"确定"按钮⑥,创建一个不带任何内容的空项目,如图 1-10 所示。

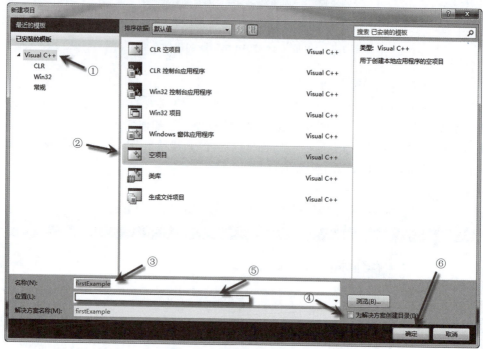

图 1-10　新建空项目的步骤

项目创建完成后,在 Visual C++ 2010 学习版的"解决方案资源管理器"中可以查看项目的组织结构,如图 1-11 所示。从图 1-11 中可见,一个解决方案可包含若干个项目,每个项目又由源文件、头文件、资源文件和外部依赖项构成。若"解决方案资源管理器"不可见,可通过选择"视图"菜单下的"解决方案资源管理器"使之可见。

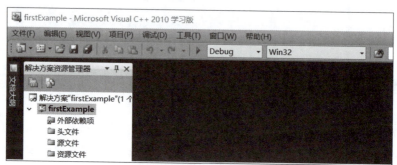

图 1-11　解决方案的组织结构

解决方案是 Visual Studio 中用来组织项目的结构。Visual Studio 采用.sln 和.suo 两种文件类型存储特定于解决方案的设置,总称为解决方案文件。

在 Windows 资源管理器中可以查看空项目 firstExample 的文件信息,如图 1-12 所示。其中,firstExample.sln 为解决方案文件,firstExample.vcxproj 为项目文件。通常情况下,打开项目时应选择.sln 文件,若直接打开.vcxproj 文件则会重新生成一个解决方案。

4. 在项目中添加文件

空解决方案无法进行后续算法的学习,还需为解决方案添加源文件和头文件等内容才可以编写算法源代码。在"解决方案资源管理器"中右击 firstExample 项目下的"源文件"子项,在弹出的菜单中选择"添加"→"新建项"命令。在"添加新项"对话框中,选择"C++文件(.cpp)"①,输入文件名 mainEntry.c②,确定保存位置③,单击"添加"按钮④,就为 firstExample 解决方案的 firstExample 项目添加了一个名为 mainEntry 的 C++源文件,如图 1-13 所示。

图 1-12 在资源管理器中浏览解决方案文件

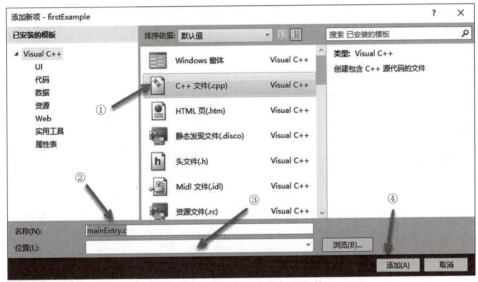

图 1-13 为解决方案添加源文件

在"名称"处输入文件名时,默认情况下系统会自动添加".cpp"扩展名。也可以在"名称"处输入文件名时直接指定扩展名,如输入"mainEntry.c"。使用扩展名为".c"时,对源代码有更多限制,如函数内局部变量的声明必须在实际操作语句之前等。

使用高版本 Visual Studio 编辑 C 语言源代码时,系统会对 scanf()和 strcpy()等函数给出安全警告提示,可以在源代码的第一行添加一个宏定义"♯define _CRT_SECURE_NO_WARNINGS"来消除警告信息。

5. 编辑、编译和运行代码

在源文件 mainEntry.c 中输入如下测试代码:

程序清单 1-1　mainEntry.c
```
1  #define _CRT_SECURE_NO_WARNINGS
2  #include<stdio.h>
3  int main()
```

```
4   {
5       printf("Hello, world!\n");
6       return 0;
7   }
```

输入代码后,单击"全部保存"按钮①,单击工具栏上的"开始调试"按钮②,Visual C++ 2010学习版会弹出编译对话框,询问是否生成项目,单击"是"按钮③启动生成过程,如图1-14所示。生成成功后,即可运行并查看输出结果。

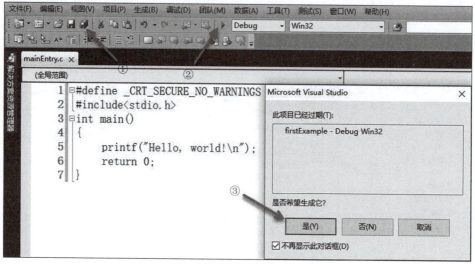

图1-14　编译和运行代码

1.1.3　为什么缺少很多选项

未对 Visual C++ 2010 学习版进行配置时,与项目管理相关的许多功能在菜单中无法找到,例如调试代码时的寄存器窗口、与断点相关的设置项等都无法找到。Visual C++ 2010学习版针对初学者的默认配置是"基本设置",隐藏了一些较为复杂的高级选项,通过"工具"→"设置"→"专家设置"命令即可恢复,如图1-15所示。

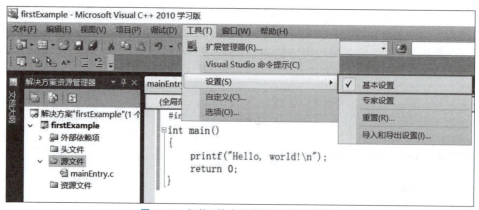

图1-15　切换"基本设置"和"专家设置"

将设置修改为"专家设置"后,会增加一个"生成"菜单,"编辑""视图""项目""调试"和"工具"菜单下均会多出一些与高级功能相关的菜单项,如图 1-16~图 1-18 所示。

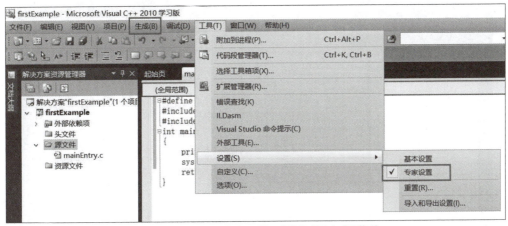

图 1-16　切换为"专家设置"后增加的"生成"菜单

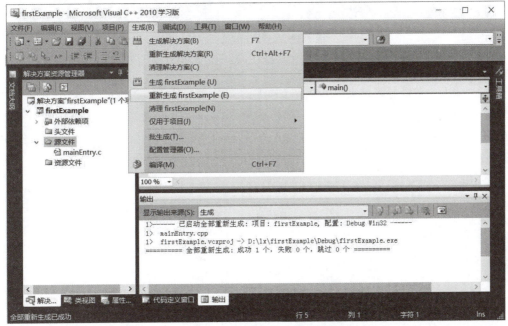

图 1-17　"生成"菜单的详细信息

1.1.4　为什么一闪而过

未做特殊配置时,选择"调试"菜单下的"启动调试"命令或者单击工具栏的"运行▶"按钮后,运行结果窗口会一闪而过,来不及观察输出结果。

可以使用"调试"菜单下的"开始执行(不调试)"或者按 Ctrl+F5 组合键解决该问题。以"开始执行(不调试)"方式运行程序时,不能进行调试,而且输出窗口仍可能会一闪而过。若输出窗口仍然一闪而过,可使用下述两种方法处理。

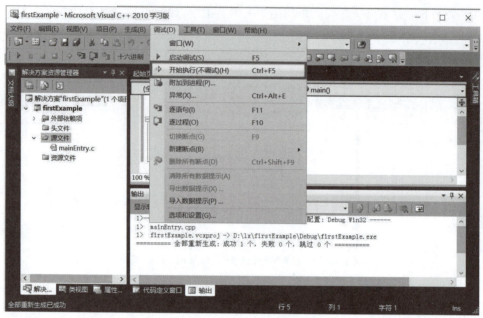

图 1-18 "调试"菜单的变化

1. 设置输出为控制台方式

在"解决方案资源管理器"中，选择 firstExample 项目①，右键选择"属性"命令②会弹出"firstExample 属性页"对话框。在对话框中，依次选择"配置属性"→"链接器"→"系统"命令③，在右侧窗口中将"子系统"设置为"控制台"模式④，然后单击"确定"按钮⑤，如图 1-19 所示。此时，再按 Ctrl+F5 组合键运行就可以见到久违的输出窗口了。

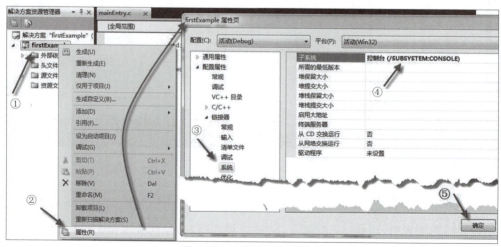

图 1-19 设置输出为控制台

2. 调试模式仍然一闪而过

经过上述设置后，当以调试模式运行代码时，输出窗口仍然会一闪而过，可以在 main()

函数的 return 语句前加上一条语句"system("pause");"解决,如图 1-20 所示。如果"system("pause");"语句报错,需要在 main()函数的开头处添加一行"#include<stdlib.h>"。

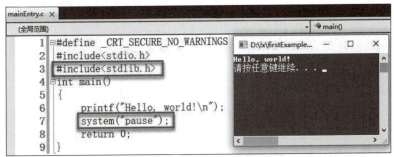

图 1-20　添加语句控制输出暂停

注意:在百度和谷歌中检索相关资料的结果表明,除了使用更高版本的 Visual Studio(如 Visual Studio 2019)之外,目前尚无其他更有效的解决办法。

1.1.5　其他配置选项

除了上述必要的配置之外,还有部分与编码和调试相关的设置需要了解,这些设置可以提高学习的效率。

1. 与显示相关的菜单项

与显示内容相关的设置均在"视图"菜单下,例如通过"解决方案资源管理器"可以对整个项目信息进行管理,在面向对象程序设计时可使用"类视图"了解类的结构等等,如图 1-21 所示。

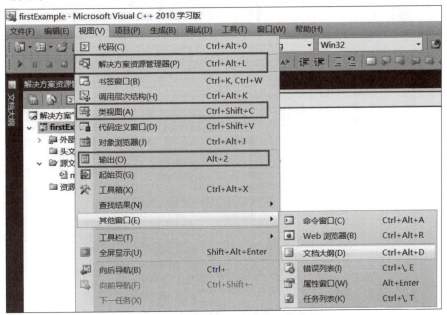

图 1-21　与显示相关的"视图"菜单项

2. 与调试相关的菜单项

调试是学习程序设计的必备技能，通过调试可以更高效定位和解决代码中存在的错误。对 C/C++ 学习者而言，Visual Studio 是 Windows 平台下调试功能最为强大的集成开发环境之一。

对于代码的调试，Visual C++ 2010 学习版提供了调试工具和调试相关窗口两大类可供学习者使用的功能，如图 1-22 所示。调试工具包括调试快捷键和断点相关设置。按下 F5 键为开始调试，按下 F9 键为断点切换，按下 F10 键为逐过程调试，按下 F11 键为逐语句调试，按下 Ctrl＋F10 组合键为运行到光标处，按下 Shift＋F5 组合键为停止调试。在调试过程中，还可以打开断点窗口对断点进行更详细的设置和操作（删除选中断点，设置条件断点，导出断点等），如图 1-23 所示。

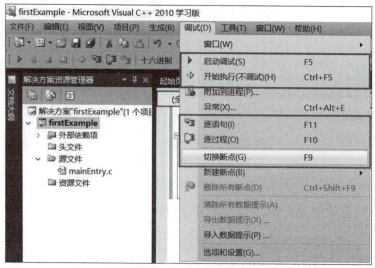

图 1-22　调试菜单项

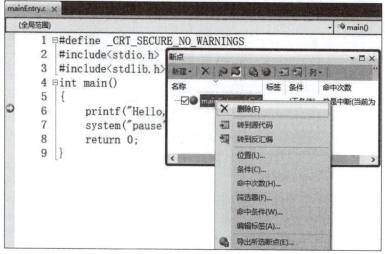

图 1-23　断点窗口

除了上述内容之外,在调试过程中还有 4 个窗口非常重要,分别是"监视"窗口、"内存"窗口、"反汇编"窗口和"寄存器"窗口,如图 1-24 所示。通过"监视"窗口可以查看变量的值、地址及类型等信息,对于理解函数的参数传递具有相当重要的作用;通过"内存"窗口可以查看变量在内存中的存储信息,可帮助学习者理解局部变量在函数中的地址分配和处理规则;"反汇编"窗口显示当前程序段对应的反汇编信息,通过该信息可以了解函数的栈帧信息、函数调用时参数的传递规则及"++"和"——"等运算符的处理规则;"寄存器"窗口显示当前调试过程中寄存器的值,使学习者可以快速了解当前运算是否处于溢出等状态,也可以查看函数的返回值等信息。

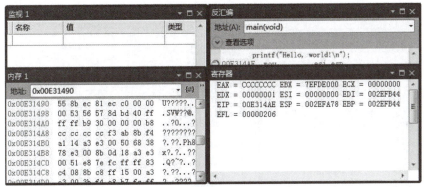

图 1-24　与调试相关的 4 个重要窗口

3. 与生成相关的菜单项

"生成"菜单下包括对解决方案的处理和对项目的处理两大块,如图 1-25 所示。若解决方案中仅有一个项目,则两者的作用是相当的;当解决方案中包含多个项目时,则需要区分生成项目和生成解决方案。

图 1-25　与解决方案和项目生成相关的菜单项

当选择"生成解决方案"或"重新生成解决方案"时,将只编译自上次生成以来改动过的那些项目文件和组件;选择"清理解决方案"时,将删除之前生成的所有中间文件和输出文件,只留下项目文件和组件文件;选择"重新生成解决方案"时,将首先清理解决方案,然后生成中间文件和输出文件。

生成项目、清理项目和重新生成项目的处理与解决方案的处理规则一致。

4. 工具栏

Visual C++ 2010学习版将经常使用的命令分组放置于各个工具栏中,用户可根据使用频度和屏幕空间对工具栏进行布局和定制。新建、打开、保存等命令存放于"标准"工具栏;缩进、注释等命令放置于"文本编辑器"工具栏,启动、暂停、停止、逐语句、逐过程等调试相关的命令在"调试"工具栏中;对于其他工具栏用户可以根据需要设置其是否可见,如图1-26所示。

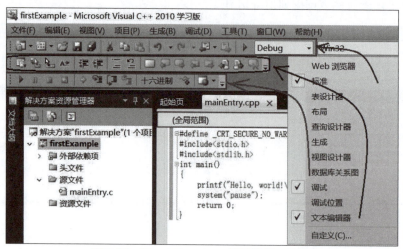

图1-26 Visual C++ 2010学习版的工具栏

1.2 Code::Blocks的使用

Code::Blocks是由C++语言开发的、开放源码的全功能的跨平台C/C++集成开发环境,适合快速编写小型代码需求。Code::Blocks具有轻量、跨平台、开源和免费等优势。

1.2.1 安装Code::Blocks

1. 下载Code::Blocks

在Code::Blocks的官方网站(http://www.codeblocks.org/)的导航条中,单击Downloads项可以转到软件下载页,如图1-27所示。

图1-27 Code::Blocks官方页面

在软件下载页面中,可以选择下载软件的二进制安装包①或者下载软件的源代码压缩包②,如图 1-28 所示。

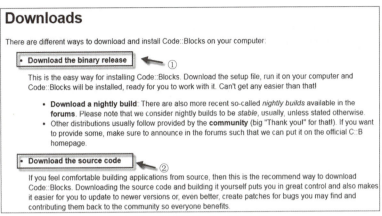

图 1-28　Code∷Blocks 下载页面

选择 Download the binary release 选项,页面显示出所有可下载的链接,下载时需要选择相应操作系统平台下的正确版本。基于 Windows 平台的版本有两大类:一类是不带编译器和调试器的版本,此类版本适合于已经安装过其他版本的编译器和调试器的情况,通常以"codeblocks-版本号-XXX"命名;另一类是自带编译器和调试器的版本,通常以"codeblocks-版本号 mingw-XXX"命名,这类版本使用和配置都相对简单,建议安装此类版本。

选择某一版本后,还可以根据是否需要安装来选择安装版和便携版。安装版与普通 Windows 应用程序一样,需要先安装到 Windows 系统当中才可以正常使用;便携版则只需要将下载的压缩包解压后,运行文件夹下的程序主文件即可使用。

图 1-29 给出了 Windows 平台下的 Code∷Blocks 17.12 的下载页面,选择带编译器和调试器的版本,下载安装文件 codeblocks-17.12mingw-setup.exe。

2. 安装 Code∷Blocks

双击下载好的安装文件,进入安装界面,单击 Next 按钮进行下一步,如图 1-30 所示。

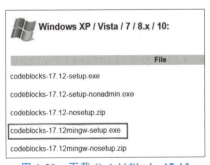

图 1-29　下载 Code∷Blocks 17.12

图 1-30　安装 Code∷Blocks 的欢迎对话框

在 License Agreement(许可协议)对话框中,单击 I Agree 按钮进行下一步,如图 1-31 所示。

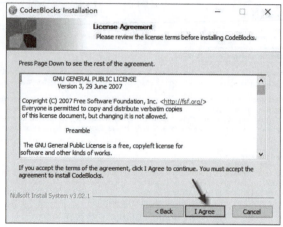

图 1-31　许可协议对话框

在 Choose Components(选择安装组件)对话框中,保持默认选项不变,单击 Next 按钮进行下一步操作,如图 1-32 所示。

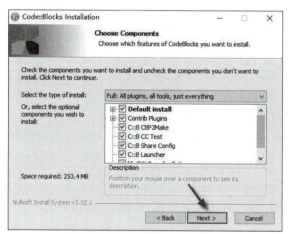

图 1-32　选择安装组件对话框

在"选择安装位置"对话框中,可以指定应用程序的安装位置,尽量避免安装到系统盘,然后单击 Install 按钮,将选择的组件安装到指定位置,如图 1-33 所示。之后,等待应用程序安装完成即可。

1.2.2　创建项目和编辑源代码

Code∷Blocks 软件安装完成后,就可以创建项目,编写代码进行算法设计了。

1. 启动 Code∷Blocks

在开始菜单对应的程序组中,找到 CodeBlocks 即可启动 Code∷Blocks 集成开发环境,如图 1-34 所示。

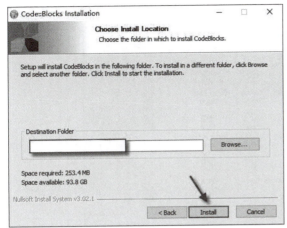

图 1-33　选择安装位置对话框

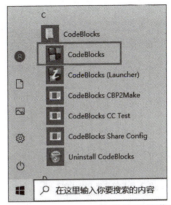

图 1-34　Code∷Blocks 软件的开始菜单项

2. 创建新项目

启动 Code∷Blocks 后会进入到起始界面，用户可以选择 Create a new project 创建一个新项目，选择 Open an existing project 来打开一个已经创建好的项目，通过 Tip of the Day 来查看软件使用技巧，或者直接单击 Recent projects 列表中对应的条目来打开已经创建好的项目并进行编辑，如图 1-35 所示。

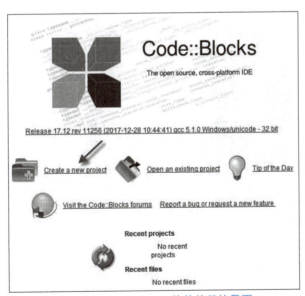

图 1-35　Code∷Blocks 软件的起始界面

Code∷Blocks 软件中，C/C++ 代码需要通过项目来进行管理，否则会出现无法调试等问题。

3. 创建控制台程序

在起始界面选择 Create a new project 创建一个新项目，在 New from template 项目模板对话框中选择 Console application 控制台应用程序①，然后单击 Go 按钮②，如

17

图 1-36 所示。

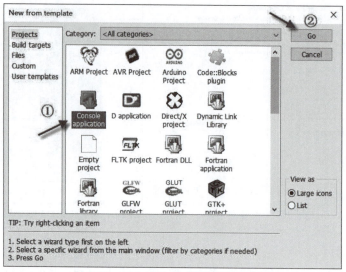

图 1-36　Code::Blocks 项目模板对话框

保持默认选项,直到"语言选择"对话框。在"语言选择"对话框中,选中 C 语言,单击 Next 按钮进行下一步,如图 1-37 所示。

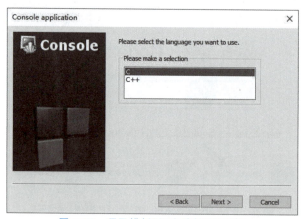

图 1-37　项目模板"语言选择"对话框

接下来,需要为项目命名、选择项目保存位置,如图 1-38 所示。保存项目的文件夹名称尽量不要包含中文及特殊字符,以免出现语言兼容等问题导致的异常。

设置默认编译器(GNU 编译器)和输出(Debug 和 Release)选项①后,单击 Finish 按钮②完成项目的创建,如图 1-39 所示。

项目创建完成后,Code::Blocks 会自动为项目添加一个名为 main.c 的源文件。在 Management 视图下(如果未打开,则使用 View 菜单下的 Manager 命令就会打开 Management 视图,该视图以类似 Windows 资源管理器的树形视图方式展现项目相关的各项文件,如图 1-40 所示),打开 helloworld 项目下的 Sources 子项,再双击 main.c 即可打开源代码编辑器。

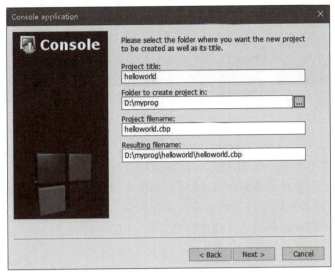

图 1-38 设置项目名称及保存位置

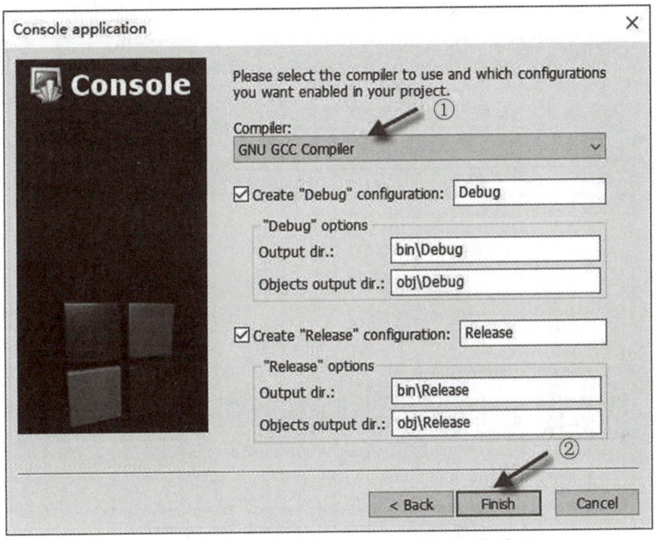

图 1-39 设置项目默认编译器和输出选项

图 1-40 Code∷Blocks 的 Management 视图

在打开的源代码编辑窗口,对源代码进行编辑并保存后,可以单击工具栏的 按钮来编译并运行程序,运行结果如图 1-41 所示。也可以单击 按钮对代码进行编译,编译通过后再单击 ▶ 按钮运行程序。

图 1-41　代码编译后的运行结果

1.2.3　调试

代码调试是学习算法的必备技能，通过调试可以对代码中的错误进行快速定位，还可以监视代码运行过程中寄存器的状态、堆栈调用情况和变量变化。通过调试，还可以使读者对操作系统、编译器及程序运行的工作原理有更深刻的理解。在 CodeBlocks 中需要先对编辑环境中关于调试器相关的选项进行设置后，才能对代码进行调试。

1. 开始调试

单击工具栏 ▶ 按钮开始调试代码，但是 Code::Blocks 默认没有配置调试器设置。需要手动配置后才能正常调试，否则会出现如图 1-42 所示的错误信息。

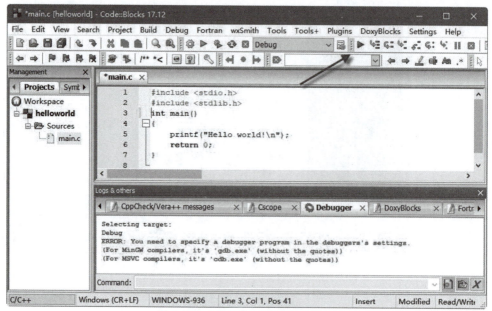

图 1-42　未配置调试器的错误信息

2. CodeBlocks 配置使用 GDB 调试器

在 Settings 菜单下，选择 Debugger 菜单项对 Code::Blocks 默认调试器相关项进行设置，如图 1-43 所示。

在 Debugger settings 对话框中，首先选择 GDB/CDB debugger 项下的 Default 子项①，在右侧表面板中的 Executable path 项②右侧单击 按钮打开 Select executable file（选择可执行文件）对话框，如图 1-44 所示。

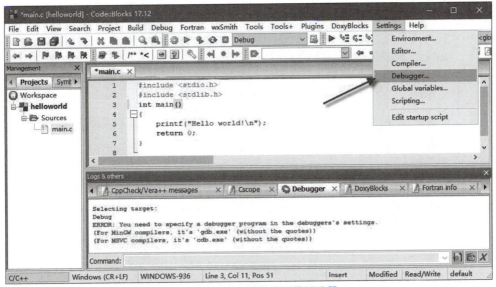

图 1-43　通过设置菜单配置调试器

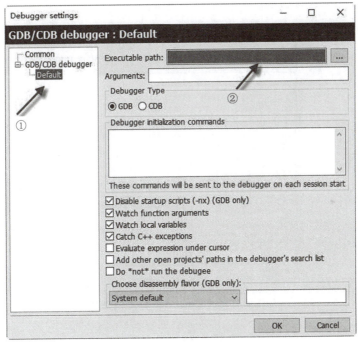

图 1-44　GDB 调试器配置

　　选择 GDB 调试器所在位置。在选择可执行文件对话框中，定位到 GDB 调试器所在位置。因为下载的安装包是带编译器和调试器的版本，所以 GDB 调试器默认位置为安装文件夹下的 MinGW\gdb32\bin 子文件夹①当中，名称为 gdb32.exe②，选择该文件后，单击"打开"按钮，如图 1-45 所示。

　　进行上述操作后返回 Debugger settings 对话框，单击 OK 按钮完成设置。然后，就

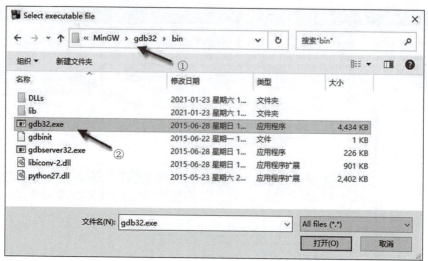

图 1-45　定位 GDB 调试器

可以在适当的位置设置断点，开始对算法代码进行调试，如图 1-46 所示。

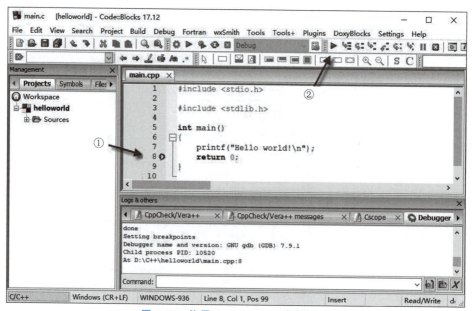

图 1-46　使用 Code∷Blocks 进行调试

第 2 章

排序算法

生活之中,处处皆见比较,路程的远近、颜色的深浅、时间的长短、动力的强弱等等,有比较就要排出先后、分出高低,有比较就有排序。在计算机科学及其应用领域常常涉及对数据按照设定的规则进行重组,对数据进行排序。所谓排序算法,就是定义一种数据的重组规则,输入无序数据按照该规则重新进行排列后得到有序输出序列。通常用到的排序方式包括数值序和字典序,数值序是依据数值的大小(按照排序规则所确定的大小,不一定是字面值)进行重新排列,字典序则是按照符号表中字符出现的先后顺序进行重新排列。

关于排序的资料汗牛充栋,众多材料中当数计算机科学泰斗 Donald E.Knuth(高纳德)所著的《计算机程序设计艺术 卷 3:排序与查找》最为经典。排序算法总体上可分为比较类排序和非比较类排序。比较类排序通过比较待排序元素的关键字来决定重新排列后元素间的相对次序,非比较类排序则不是通过比较来决定重新排序后元素间的相对次序。常见的比较类排序算法包括交换排序、插入排序、选择排序和归并排序等算法,非比较类排序包括计数排序、桶排序和基数排序等算法,如图 2-1 所示。本书将在不同章节对不涉及数据结构的排序算法进行分析和说明,本章只介绍适合初学者入门的冒泡排序、选择排序、插入排序和计数排序。

2.1 冒泡排序

冒泡排序是典型的交换类排序算法之一,按关键字的大小重复扫过待排序的序列,对元素两两比较,交换关键字顺序不正确的项,直至序列中所有元素都不再需要交换时排序完成。排序过程中,关键字小的元素会渐渐"浮"到顶端,关键字大的元素会"沉"到底端,"轻清者上浮而为天,重浊者下凝而为地"[①],这正是冒泡排序名称的由来。

2.1.1 冒泡排序的基本思想

冒泡排序的基本思路如下。

(1) 将序列分为无序区和有序区两个部分,无序区在前有序区在后,无序区存放尚未处理好的数据,有序区存放已经按关键字排序后的数据;

---

① 《三国演义》第八十六回,秦宓问张温:"昔混沌既分,阴阳剖判;轻清者上浮而为天,重浊者下凝而为地。"

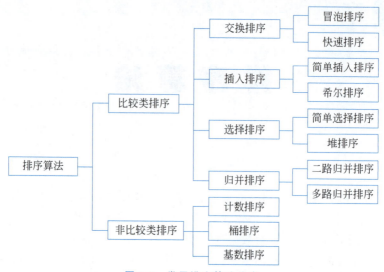

图 2-1 常用排序算法分类

(2) 在无序区中,从头至尾按关键字大小比较相邻的两个元素,将较大的元素向后交换,经过本轮排序之后无序区的最大元素就已经选出,将之放到有序区的首部,然后缩小无序区、扩大有序区;

(3) 重复执行(2),直至无序区只有一个元素或某轮排序中没有任何交换为止。若某一轮排序过程中,无任何交换则说明数据已经有序,无须再继续进行排序。

从冒泡排序的思路中可以看出,每轮排序只能筛选出一个元素,因此有 N 个元素的序列,需要进行 N−1 轮排序,效率还是比较低的。初始时,无序区包括所有待排序元素,有序区为空;排序过程中,每轮排序都会从无序区中选出一个元素放入有序区中,无序区逐渐缩小,有序区逐渐增大。

设待排序的无序序列存放于数组 array 中,长度为 length,给出冒泡排序的伪代码如表 2-1 所示。

表 2-1 冒泡排序的伪代码

①	开始 i:1～length−1
②	开始 j:0～length−1−i
③	如果 array[j] > array[j+1]
④	array[j]←→array[j+1]
⑤	结束 j
⑥	结束 i

2.1.2 冒泡排序过程分析

假定待排序的数据为{6,**2**,7,3,5,2,1}(加粗用于标示相同关键字的先后顺序),7 个元素最多需要进行 6 趟排序。排序的原则是将无序区较大元素进行交换,将交换后的无序区最大元素置于有序区的头部。

1. 初始状态

初始时,无序区 $r=\{6,2,7,3,5,2,1\}$,有序区 $d=\{\}$。

2. 排序过程

第一趟排序过程如下。

从无序区第[1]个元素 6 开始,与第[2]个元素 2 进行比较,6>2,交换顺序,然后移动到第[2]个位置;

第[2]个元素 6 与第[3]个元素 7 比较,6 小于 7,保持不变,移动到第[3]个位置;

第[3]个元素 7 与第[4]个元素 3 比较,交换位置,7 移动到第[4]个位置;

第[4]个元素 7 与第[5]个元素 5 比较,交换位置,7 移动到第[5]个位置;

第[5]个元素 7 与第[6]个元素 2 比较,交换位置,7 移动到第[6]个位置;

第[6]个元素 7 与最后一个元素 1 比较,交换位置,7 移动到第[7]个位置。

将无序区最大元素 7 移入有序区头部后,无序区 $r=\{2,6,3,5,2,1\}$,有序区 $d=\{7\}$。第一趟排序结束,排序结果为[2,6,3,5,2,1,7],过程如图 2-2(a)的各列所示。

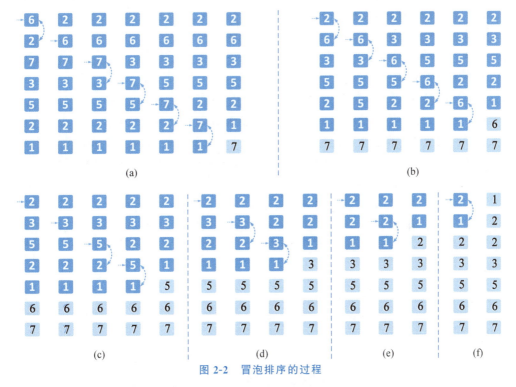

图 2-2 冒泡排序的过程

第二趟排序:排序过程与第一趟排序交换规则相同,交换后无序区 $r=\{2,3,5,2,1,6\}$,排序处理过程如图 2-2(b)所示。将无序区最大元素 6 移入有序区头部后,无序区 $r=\{2,3,5,2,1\}$,有序区 $d=\{6,7\}$。

第三趟排序:交换后无序区 $r=\{2,3,2,1,5\}$,排序处理过程如图 2-2(c)所示。将无序区最大元素 5 移入有序区头部后,无序区 $r=\{2,3,2,1\}$,有序区 $d=\{5,6,7\}$。

第四趟排序：交换后无序区 $r=\{\underline{2},2,1,3\}$，排序处理过程如图 2-2(d)所示。将无序区最大元素 3 移入有序区头部后，无序区 $r=\{\underline{2},2,1\}$，有序区 $d=\{3,5,6,7\}$。

第五趟排序：交换后无序区 $r=\{\underline{2},1,2\}$，排序处理过程如图 2-2(e)所示。将无序区最大元素 2 移入有序区头部后，无序区 $r=\{\underline{2},1\}$，有序区 $d=\{2,3,5,6,7\}$。

第六趟排序：交换后无序区 $r=\{1,\underline{2}\}$，排序处理过程如图 2-2(f)所示。将无序区最大元素 2 移入有序区头部后，无序区 $r=\{1\}$，有序区 $d=\{\underline{2},2,3,5,6,7\}$。

至此，无序区仅余 1 个元素{1}，也成为有序状态。合并两个有序区 $r=\{1\}$ 和 $d=\{\underline{2},2,3,5,6,7\}$，排序结果为{1,$\underline{2}$,2,3,5,6,7}。

2.1.3 冒泡排序代码分析

实现冒泡排序主体功能的是 bubble_sort()函数，main()函数为驱动函数用于测试冒泡排序的效果。bubble_sort()函数实现对部分序列进行冒泡排序，且为原地排序算法。与全序列冒泡排序相比，部分序列排序的复杂之处在于排序算法中内循环的上下限确定。

bubble_sort()函数包括有 3 个参数，data[]为待排序数组，start 为排序区间的起始下标，len 为待排序区间的长度。例如，对无序序列{10,1,35,61,89,36,55}，从第 0 个位置开始的 5 个元素进行冒泡排序，结果应该为{$\underline{1,10,35,61,89}$,36,55}。

外循环主要用于确定循环的次数，N 个数据需要至多进行 $N-1$ 趟排序。因此，当外循环变量 i 的起始值为 start、元素个数为 len 时，循环变量的终止值为 start+len−2，即外循环条件表示为 for(i=start;i<start+len−1;i++)。

每趟排序时，内循环从无序区首元素 start 开始，循环次数为无序区元素个数−1 且为递减等差数列。定义一个整型变量 k=0，内循环处理完成后执行 k++，将 k 加入到内循环上限的表达式中构成递减等差数列。因为循环内部比较当前元素 data[j]与其下一个元素 data[j+1]，所以内循环的上限为 start+len−k−2，即内循环控制结构可以表述为 for(j=start; j<start+len−k−1; j++)。

当某一趟排序过程中未进行任何交换时，说明数据已经全部有序，无须再进行下一趟排序过程。为此，函数中定义标志量 flag，每趟循环设置其初值为 1，若排序过程中发生交换则置其值为 0。

实现代码如下。

```
程序清单 2-1    ex2_1bubbleSort.c
1   #define _CRT_SECURE_NO_WARNINGS
2   #include<stdio.h>
3   #include<stdlib.h>
4   #define MAX_RECORDS 21
5   //冒泡排序:data[]为待排序数组,start 为排序的起始下标,len 为待排序长度
6   void bubble_sort(int data[],int start,int len)
7   {
8       int i, j, temp, k =0;
9       int flag;//定义是否交换标志
10      for(i = start; i < start + len -1; i++)
11      {
```

```
12          flag =1;
13          for(j = start; j < start + len - k -1; j++)
14          {
15              if(data[j]> data[j +1])
16              {
17                  temp = data[j];
18                  data[j]= data[j +1];
19                  data[j +1]= temp;
20                  flag =0;
21              }
22          }
23          k++;
24          if(flag)       //若本轮未进行交换,则为有序,跳出
25              break;
26      }
27  }
28  int main()
29  {
30      int data[MAX_RECORDS];
31      int i, n, start, len;
32      printf("请输入数据总数及各数据\n");
33      scanf("%d",&n);
34      for(i =0; i < n; i++)
35          scanf("%d",&data[i]);
36      printf("请输入待排序的起始位置及排序长度\n");
37      scanf("%d%d",&start,&len);
38      bubble_sort(data, start, len);
39      for(i =0; i < n; i++)
40          printf("%d",data[i]);
41      printf("\n");
42      system("pause");
43      return 0;
44  }
```

测试数据及运行结果如下。

① 数据总数及各数据:

7
10 1 35 61 89 36 55

② 待排序的起始位置及排序长度:

0 5

③ 运行结果:

1 10 35 61 89 36 55

```
请输入数据总数及各数据
7
10 1 35 61 89 36 55
请输入待排序的起始位置及排序长度
0 5
1 10 35 61 89 36 55
```

2.2 选择排序

选择排序与冒泡排序的思想基本一致,都是通过比较和交换实现元素的排序。冒泡排序在每次比较时都可能进行交换,而选择排序在比较过程中只保存位置,比较完成后再进行交换。通常情况下,选择排序效率比冒泡排序高。

2.2.1 选择排序的基本思想

选择排序的基本思想如下。

(1)与冒泡排序相同,将序列分为无序区和有序区两个部分,无序区存放尚未处理好的数据,有序区存放已经按关键字排序后的数据,有序区在前,无序区在后;

(2)在无序区中,选择一个基准元素(通常是第 1 个),从头至尾按关键字大小比较基准元素与当前元素,若当前元素小于基准元素,则置基准元素值为当前元素值并保存其下标(通常只保存下标),经过本轮排序之后无序区的最小元素就已经选出,将基准元素与无序区的第一个元素进行交换,将无序区的第一个元素合并到有序区尾部;

(3)重复执行(2),直至无序区只有 1 个元素为止。

从选择排序的思路中可以看出,每轮排序也需要进行从头至尾比较,而且只能筛选出一个元素,因此有 N 个元素的序列,需要进行 $N-1$ 轮排序。与冒泡排序不同的是,每轮排序过程中只进行一次数据交换,$N-1$ 轮排序共交换 $N-1$ 次,效率比冒泡排序高。

设待排序的无序序列存放于数组 array[] 中,长度为 length,下面给出选择排序的伪代码,如表 2-2 所示。

表 2-2 选择排序的伪代码

①	开始 i: 0~length−1−1
②	k←i
③	开始 j: i+1~length − 1
④	如果 array[k] > array[j]
⑤	k←j
⑥	结束 j
⑦	如果 k != i
⑧	array[i]←→array[k]
⑨	结束 i

2.2.2 选择排序过程分析

假定待排序的数据为$\{10,1,35,61,89,36,55\}$,7个元素最多需要进行6趟排序。排序的原则是定位无序区中最小元素,将之与无序区首元素进行交换,将交换后的无序区首元素合并至有序区的尾部。

1. 初始状态

初始时,有序区$d=\{\}$,无序区$r=\{10,1,35,61,89,36,55\}$。

2. 排序过程

第一趟排序过程如图2-3(a)所示(纵向箭头表示当前元素,横向箭头为基准元素),排序步骤如下。

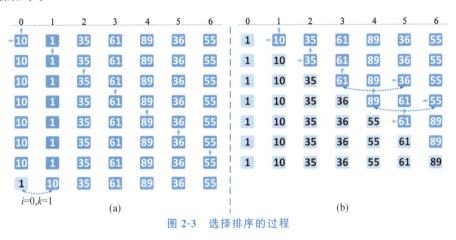

图2-3 选择排序的过程

(1) 无序区起始位置$i=0$,基准元素为10,下标$k=0$,只有1个元素,即为最小元素;
(2) 当前位置为1,基准元素值10大于当前元素值1,用当前元素下标更新k,即$k=1$;
(3) 当前位置为2,基准元素值1小于当前元素值35,不更新k,k值仍为1;
(4) 当前位置为3,基准元素值1小于当前元素值61,不更新k;
(5) 当前位置为4,基准元素值1小于当前元素值89,不更新k;
(6) 当前位置为5,基准元素值1小于当前元素值36,不更新k;
(7) 当前位置为6,基准元素值1小于当前元素值55,不更新k;
(8) 本轮比较结束,基准元素下标$k=1$,起始位置$i=0$,k与i不等,需要交换两下标对应的元素,交换后结果为$d=\{1\}$,$r=\{10,35,61,89,36,55\}$。

第二趟排序:起始位置$i=1$,比较后基准元素下标$k=1$,k与i值相等,无须交换,此时$d=\{1,10\}$,$r=\{35,61,89,36,55\}$。

第三趟排序:起始位置$i=2$,比较后基准元素下标$k=2$,k与i值相等,无须交换,此时$d=\{1,10,35\}$,$r=\{61,89,36,55\}$。

第四趟排序:起始位置$i=3$,比较后基准元素下标$k=5$,k与i值不等,需要交换,交换后$d=\{1,10,35,36\}$,$r=\{89,61,55\}$。

第五趟排序:起始位置 $i=4$,比较后基准元素下标 $k=6$,k 与 i 值不等,需要交换,交换后 $d=\{1,10,35,36,55\}$,$r=\{61,89\}$。

第六趟排序:起始位置 $i=5$,比较后基准元素下标 $k=5$,k 与 i 值相等,无须交换,此时 $d=\{1,10,35,36,55,61\}$,$r=\{89\}$。

第六趟排序结束后,将无序区最后一个元素 89 并入有序区,排序过程结束。第二至第六趟的排序过程如图 2-3(b)所示。

2.2.3 选择排序代码分析

实现选择排序主体功能的是 selection_sort()函数,main()函数用于测试选择排序的效果。selection_sort()函数可实现对部分序列进行升序选择排序,为原地排序算法。

selection_sort()函数有 3 个参数,data[]为待排序数组,start 为排序区间的起始下标,len 为待排序区间的长度。例如,对无序序列{10,1,35,61,89,36,55},从第 0 个位置开始的 5 个元素进行选择排序,结果应该为{**1**,**10**,**35**,**61**,**89**,36,55}。

selection_sort()函数对区间数据进行升序排列时,有序区在前,无序区在后。每轮排序过程中,选择无序区的第 1 个元素(即下标为 i 的元素)作为基准元素并用 min 保存其下标,从 i+1 至区间结尾(start+len−1)逐个进行比较,若某元素 data[j]值小于基准元素 data[min],则将其下标 j 保存到 min。一轮比较结束后,若最新基准元素下标 min 与 i 不同则需要交换 data[min]与 data[i]。

实现代码如下。

程序清单 2-2　ex2_2selectionSort.c

```
1    #define _CRT_SECURE_NO_WARNINGS
2    #include<stdio.h>
3    #include<stdlib.h>
4    #define MAX_RECORDS 21
5    //升序选择排序:data[]为待排序数组,start 为起始下标,len 为排序长度
6    void selection_sort(int data[],int start,int len)
7    {
8        int i, j, temp;
9        for(i = start; i < start + len -1; i++)
10       {
11           int min = i;
12           for(j = i +1; j < start + len; j++)    //遍历未排序的元素
13               if(data[j]< data[min])              //保存目前最小值下标
14                   min = j;
15           if(min != i)                            //若最小值不是当前位置则交换
16           {
17               temp = data[min];
18               data[min]= data[i];
19               data[i]= temp;
20           }
21       }
22   }
23   int main()
24   {
```

```
25
26      int data[MAX_RECORDS];
27      int i, n, start, len;
28      printf("请输入数据总数及各数据\n");
29      scanf("%d",&n);
30      for(i =0; i < n; i++)
31          scanf("%d",&data[i]);
32      printf("请输入待排序的起始位置及排序长度\n");
33      scanf("%d%d",&start,&len);
34      selection_sort(data, start, len);
35      for(i =0; i < n; i++)
36          printf("%d",data[i]);
37      printf("\n");
38      system("pause");
39      return 0;
40  }
```

测试数据及运行结果如下。

① 数据总数及各数据：

7
10 1 35 61 89 36 55

② 待排序的起始位置及排序长度：

0 7

③ 运行结果：

1 10 35 36 55 61 89

```
请输入数据总数及各数据
7
10 1 35 61 89 36 55
请输入待排序的起始位置及排序长度
0 7
1 10 35 36 55 61 89
```

2.3 插入排序

插入排序比冒泡排序和选择排序更容易理解,采用与整理物品相同的思路,每次排序都是将一个新的元素插入到已经有序的序列中,只要玩过扑克牌的人都能立刻理解该算法。

2.3.1 插入排序的基本思想

插入排序的基本思想如下。

(1)与前两种排序算法相同,将序列分为无序区和有序区两部分,无序区存放尚未处理好的数据,有序区存放已经按关键字排序后的数据,通常有序区在前、无序区在后。

(2) 初始时,将待排序序列中的第 1 个元素存入有序区(只有一个元素当然有序),由其余待排序数据构成无序区。

(3) 每轮排序中,在无序区中选择第 1 个元素作为基准元素,同时保存至哨兵 key 中,从尾至头向前扫描有序区,寻找该元素在有序区的最终位置。若其关键字小于有序区当前元素,则将有序区当前元素向后移动一个位置(基准元素的位置已经腾出),找到相应位置后将 key 插入该位置。

(4) 重复执行(2)和(3),直至无序区只有一个元素为止。

设待排序的无序序列存放于数组 array 中,长度为 length,给出插入排序的伪代码如表 2-3 所示。

表 2-3 插入排序的伪代码

①	开始 i: 1～length−1
②	key←array[i], j←i−1
③	开始 j: j >= 0 && key < array[j]
④	array[j+1]←array[j]
⑤	j←j−1
⑥	结束 j
⑦	array[j+1]←key
⑧	结束 i

2.3.2 插入排序过程分析

假定待排序的数据为{10,1,35,61,89,36,55},7 个元素最多需要进行 6 趟排序。排序的原则是将无序区的首元素插入到有序区中的合适位置,排序过程如图 2-4 所示。

图 2-4 插入排序的过程

1. 初始状态

有序区 $d=\{10\}$，无序区 $r=\{1,35,61,89,36,55\}$。

2. 排序过程

第一趟排序：无序区起始位置 $i=1$，首元素值 key=1，有序区元素从尾向头比较，key<10，10 需要向后移动一个位置。此时，有序区空，下标为 0 的位置即为 key 在有序区的最终位置，将 key 移到该位置。此时，有序区 $d=\{1,10\}$，无序区 $r=\{35,61,89,36,55\}$。

第二趟排序：起始位置 $i=2$，首元素值 key=35，从有序区尾部向头部比较，key>10，无须移动元素，key 已经在最终位置。此时，有序区 $d=\{1,10,35\}$，无序区 $r=\{61,89,36,55\}$。

第三趟排序：起始位置 $i=3$，首元素值 key=61，自有序区尾部向头部比较，key>35，无须移动元素，key 已经在最终位置。此时，有序区 $d=\{1,10,35,61\}$，无序区 $r=\{89,36,55\}$。

第四趟排序：起始位置 $i=4$，首元素值 key=89，自有序区尾部向头部比较，key>61，无须移动元素，key 已经在最终位置。此时，有序区 $d=\{1,10,35,61,89\}$，无序区 $r=\{36,55\}$。

第五趟排序：起始位置 $i=5$，首元素值 key=36，自有序区尾部向头部比较，key<89、key<61、key>35，89 和 61 依次向后移动一个位置。此时，原 61 所在的下标位置 3 即为 key 的最终位置，将 key 移到该位置。合并 key 至有序区后，有序区 $d=\{1,10,35,36,61,89\}$，无序区 $r=\{55\}$。

第六趟排序：起始位置 $i=6$，首元素值 key=55，自有序区尾部向头部比较，key<89、key<61、key>36，89 和 61 依次向后移动一个位置。此时，原 61 所在的下标位置 4 即为 key 的最终位置，将 key 移到该位置。合并 key 至有序区后，无序区 $r=\{\}$，合并后有序区 $d=\{1,10,35,36,55,61,89\}$。

此时，所有待排序元素已经合并至有序区，无序区空，排序过程结束。

2.3.3 插入排序代码分析

实现插入排序主体功能的是 insertion_sort() 函数，main() 函数用于测试排序的效果。insertion_sort() 函数可实现对部分序列进行排序，包括 3 个参数，data[] 为待排序数组，start 为排序区间的起始下标，len 为待排序区间的长度。

insertion_sort() 函数实现区间数据升序排序时，有序区在前，无序区在后。初始时，有序区的第一个元素为 data[start]，无序区为 data[start+1, start+2, ···, start+len-1]。因此，排序从 start+1 开始，到 start+len-1 结束。

每轮排序时，选择无序区的第 1 个元素（即下标为 i 的元素）作为待处理元素并保存在 key 中，在有序区中从尾(i-1)向头寻找 key 的最终位置。若当前元素 data[j]>key 且在有序区范围内时，将有序区当前元素 data[j] 向后移动一个位置，直至找到最终位置后将 key 插入到该位置。

实现代码如下。

程序清单2-3　ex2_3insertionSort.c

```c
1   #define _CRT_SECURE_NO_WARNINGS
2   #include<stdio.h>
3   #include<stdlib.h>
4   #define MAX_RECORDS 21
5   //升序插入排序：data[]为待排序数组，start为起始下标，len为排序长度
6   void insertion_sort(int data[],int start,int len)
7   {
8       int i, key, j;
9       for(i = start +1; i < start + len; i++)
10      {
11          key = data[i];
12          j = i -1;
13          //将data[start..i-1]范围内比key大的元素向后移动一个位置
14          while(j >= start && data[j]> key)
15          {
16              data[j +1]= data[j];
17              j = j -1;
18          }
19          //将当前关键字插入到原有序序列中
20          data[j +1]= key;
21      }
22  }
23  int main()
24  {
25      int data[MAX_RECORDS];
26      int i, n, start, len;
27      printf("请输入数据总数及各数据\n");
28      scanf("%d",&n);
29      for(i =0; i < n; i++)
30          scanf("%d",&data[i]);
31      printf("请输入待排序的起始位置及排序长度\n");
32      scanf("%d%d",&start,&len);
33      insertion_sort(data, start, len);
34      for(i =0; i < n; i++)
35          printf("%d", data[i]);
36      printf("\n");
37      system("pause");
38      return 0;
39  }
```

测试数据及运行结果如下。

① 数据总数及各数据：

7
10 1 35 61 89 36 55

② 待排序的起始位置及排序长度：

0 7

③ 运行结果:

```
1 10 35 36 55 61 89
```

```
请输入数据总数及各数据
7
10 1 35 61 89 36 55
请输入待排序的起始位置及排序长度
0 7
1 10 35 36 55 61 89
```

2.4 计数排序

非比较排序算法要解决的问题是寻找一种方法,既不需要对待排序序列中各元素进行比较,同时又能将序列中各元素置于其最终位置。本质上,非比较排序算法就是寻找一种能够完成待排序序列中各元素当前状态到其排序后最终状态的映射方法,这种映射方法既可能是较简单的线性映射,也可能是较复杂的非线性映射。

1954 年,Harold H.Seward 提出了计数排序算法,计数排序是一种非比较排序算法。计数排序利用元素自身特性和额外的存储空间来实现元素从无序状态变为有序状态,排序过程中不需要进行元素间的比较和交换,属于以空间换时间的排序算法。

2.4.1 计数排序的基本思想

计数排序的关键之处是建立输入数据与额外存储空间的映射,在数据密集且范围较小的情况下排序效率高,当数据分布范围广且间隔较大时空间效率较低。

计数排序的基本思想如下。

(1) 排序前需要确定待排序元素中的最大值与最小值,根据二者的差值范围申请额外的存储空间。

(2) 排序过程中,从头至尾扫描待排序序列,根据元素值定位到辅助存储空间的相应位置,将每个元素出现的次数记录到其中。

(3) 通过对辅助空间进行数据统计就可以确定所有元素在有序序列中的最终位置。

设待排序的无序序列存放于数组 array 中,长度为 length,计数排序的伪代码如表 2-4 所示。

表 2-4 计数排序的伪代码

①	寻找最值 max, min:array[0~length−1]
②	开辟辅助存储空间 $C[max-min+1]$:$C[\,]\leftarrow 0$
③	统计数据频率:$C[array[i]]++$
④	开辟结果存储空间 $R[length]$
⑤	开始 i:
⑥	当:$C[i]>0$

续表

⑦	R[j] ← i + min
⑧	C[i] − −，j + +
⑨	结束
⑩	结束 i

2.4.2 计数排序过程分析

假定待排序的数据为{101,109,107,103,108,102,103,110,107,103}。实现不进行比较而进行排序的最朴素处理思路是假设已经找到了完成排序功能的映射方法，当待排序数据为101时，应将其置于排序结果的第1号位置；当待排序的元素为109时，应将其置于排序结果的第9号位置；其他待排序元素以此类推。在实际排序过程中，很难通过观察法直接获得这样的映射关系。因此，可以利用空间效率换取时间效率，在牺牲一定空间代价的前提下获得时间效率的提升也是值得的。将存储排序结果的空间扩大，并对问题进一步抽象，每个位置存储一种排序值，无排序值的位置保留，这样就解决了待排序元素值到排序后最终位置的第一次映射。为了解决待排序元素存在重复值的问题，需要通过在每个位置上对存储的排序值进行计数来实现。第一次映射获得了各排序值的中间位置和计数，最后通过对中间结果进行边读取边放置的方式完成各排序值和计数到排序结果中最终位置的映射。待排序序列中，最大值为110，最小值为101，需设置从101至110共10个"桶"来进行计数排序。

1. 初始状态

初始时，统计待排序数据的数据范围，最大值 max = 110，最小值 min = 101，设置 101～110 共 10 个"桶"，将各个"桶"的计数初始化为 0。

2. 计数过程

第 1 个元素：取序列中第 1 个元素 101，将[101]号"桶"的值＋1，即 101 的出现次数增加 1 次，[101] = 1，如图 2-5 中第 1 行所示。

第 2 个元素：取序列中第 2 个元素 109，将[109]号"桶"的值＋1，即 109 的出现次数增加 1 次，[109] = 1，如图 2-5 中第 2 行所示。

第 3 个元素：取序列中第 3 个元素 107，将[107]号"桶"的值＋1，即[107] = 1。

第 4 个元素：取序列中第 4 个元素 103，将[103]号"桶"的值＋1，即[103] = 1。

第 5 个元素：取序列中第 5 个元素 108，将[108]号"桶"的值＋1，即[108] = 1。

第 6 个元素：取序列中第 6 个元素 102，将[102]号"桶"的值＋1，即[102] = 1。

第 7 个元素：取序列中第 7 个元素 103，将[103]号"桶"的值＋1，即[103] = 2。

第 8 个元素：取序列中第 8 个元素 110，将[110]号"桶"的值＋1，即[110] = 1。

第 9 个元素：取序列中第 9 个元素 107，将[107]号"桶"的值＋1，即[107] = 2。

第 10 个元素：取序列中第 10 个元素 103，将[103]号"桶"的值＋1，即[103] = 3。

至此，计数过程结束，各个"桶"内计数结果如图 2-5 中第 10 行所示，其中[104]、

[105]和[106]无对应元素,值为 0。

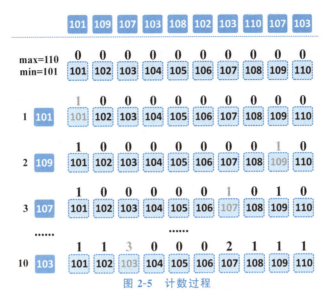

图 2-5　计数过程

3. 排序过程

排序过程需要遍历每个"桶",根据"桶"中元素个数来生成排序后的序列。

第 1 号"桶"处理：第[101]号桶值为 1,含义是值为 101 的元素有一个,将 101 放入排序结果数组的 0 号下标处,如图 2-6 中第 1 行所示。

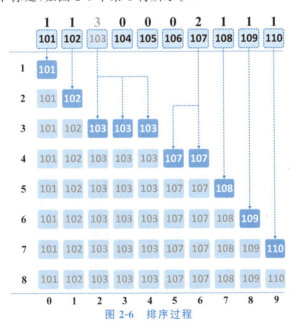

图 2-6　排序过程

第 2 号"桶"处理：第[102]号桶值为 1,将 102 放入排序结果数组的 1 号下标处,如图 2-6 中第 2 行所示。

第 3 号"桶"处理：第[103]号桶值为 3,将 103 放入排序结果数组的 2、3、4 号下标处,如图 2-6 中第 3 行所示。

第 4、5、6 号"桶"处理：第[104]、[105]和[106]号桶值为 0，无对应元素信息，直接略过。

第 7 号"桶"处理：第[107]号桶值为 2，将 107 放入排序结果数组的 5、6 号下标处，如图 2-6 中第 4 行所示。

第 8、9、10 号"桶"处理：第[108]、[109]和[110]号桶值均为 1，将 108、109 和 110 分别放入排序结果数组的 7、8、9 号下标处，如图 2-6 中第 5、6、7 行所示。

至此，所有"桶"均处理完毕，排序过程结束，如图 2-6 第 8 行所示，排序结果为{101, 102, 103, 103, 103, 107, 107, 108, 109, 110}。

需要注意的是，当待排序数据分布范围广且呈稀疏状态时，使用计数排序会存在空间浪费等问题，可以采用基于单链表存储的"链式桶"或使用散列算法与结构体配合的方式来完成排序。

2.4.3 计数排序代码分析

实现计数排序主体功能的是 counting_sort() 函数，main() 函数用于测试排序的效果。Counting_sort() 函数可实现对部分序列进行原地升序排序，包括 6 个参数：data[] 为待排序数组，start 为排序区间的起始下标，len 为待排序区间的长度，counts[] 为直接分配辅助空间数组（非动态申请，由调用方作为输入参数提供），min 为排序区间的最小值，max 为排序区间的最大值。

用 counting_sort() 函数进行计数排序时，必须借助辅助数组 counts[] 实现。①将各个"桶"的计数清零，将用于统计待排序数据出现频率的辅助数组 counts[] 指定范围清零。②从头至尾处理待排序区间的每一个元素 data[i]，处理过程中利用 num－min 完成数据到"桶"下标间的映射。③利用二重循环实现从辅助数组 counts[] 的计数到原数组 data[] 的反向映射，进行原地升序排列。外循环处理 counts[] 中的所有元素，若 counts[i]＞0 则反复利用 i＋min 实现反向映射。

在主函数中，需要统计待排序序列的数据范围后才能进行计数排序。

实现代码如下。

程序清单 2-4　ex2_4_1countingSort.c

```
1   #define _CRT_SECURE_NO_WARNINGS
2   #include<stdio.h>
3   #include<stdlib.h>
4   #include <climits>
5   #define  MAX_RECORDS 21
6   //data[]为待排序数组,start为起始下标,len为排序长度,counts[]为计数数组[min,max]
7   void counting_sort(int data[], int start, int len, int counts[], int min, int max)
8   {
9       int i, j, num, cnt;
10      //将 data[]数组中处于[min,max]区间内的元素映射到 counts[]数组[0,max-min]
11      for(i =0; i < max - min +1; i++)
```

```c
12          counts[i]=0;
13      //num-min 每出现一次,计数器+1
14      for(i = start; i < start + len; i++)
15      {
16          num = data[i];
17          counts[num - min]++;
18      }
19      //反向映射:替换回源数组
20      j = start;
21      for(i =0; i < max - min +1; i++)
22      {
23          cnt = counts[i];                //取出计数
24          while(cnt >0)
25  {
26              data[j++]= i + min;         //反向映射
27              cnt--;
28          }
29      }
30  }
31  int main()
32  {
33      int data[MAX_RECORDS];              //数值
34      int counts[MAX_RECORDS];            //计数数组
35      int i, n, start, len;               //实际个数,起始下标,排序长度
36      int mn, mx;                         //区间最小/大值
37      for(i =0; i < MAX_RECORDS; i++)
38          counts[i]=-1;                   //初始化为-1
39      printf("请输入数据总数及各数据\n");
40      scanf("%d",&n);
41      for(i =0; i < n; i++)
42          scanf("%d",&data[i]);
43      printf("请输入待排序的起始位置及排序长度\n");
44      scanf("%d%d",&start,&len);
45      mn = INT_MAX;
46      mx =-INT_MAX;
47      for(i =0; i < n; i++)               //寻找数据区间最值
48      {
49          if(mn > data[i])
50              mn = data[i];
51          if(mx < data[i])
52              mx = data[i];
53      }
54      counting_sort(data, start, len, counts, mn, mx);
55      for(i =0; i < n; i++)
56          printf("%d",data[i]);
57      printf("\n");
58      system("pause");
59      return 0;
60  }
```

测试数据及运行结果如下。
① 数据总数及各数据：

```
10
101 109 107 103 108 102 103 110 107 103
```

② 待排序的起始位置及排序长度：

```
1 8
```

③ 运行结果：

```
101 102 103 103 107 107 108 109 110 103
```

```
请输入数据总数及各数据
10
101 109 107 103 108 102 103 110 107 103
请输入待排序的起始位置及排序长度
1 8
101 102 103 103 107 107 108 109 110 103
```

2.4.4 统计句子中字母出现的次数

用键盘输入一段英文字符（以♯结束），统计输入序列中每个英文字母的出现次数（区分大小写）。

本题是计数排序的典型应用，解题思路如下。

（1）分析问题所求，确定解决问题所需的数据空间。本题需要统计的英文字母在区分大小写的情况下共计 52 个，设置 52 个"桶"即可。

（2）直接定义静态辅助数组 char_counts[52]，并将计数初始化为 0。

（3）循环读入字符，若字符是大写字母[A～Z]则利用 idx＝chtmp－'A'实现映射，是小写字母[a～z]则需要使用 idx＝chtmp－'a'＋26 实现到 char_counts[26～51]高半部分的映射。

（4）输出统计信息时需要进行反向映射，利用(char)('A'＋idx)和(char)('a'＋idx－26)实现字符的反向映射。

解决本题的关键是将大、小写两部分数据映射到同一空间。

（1）数组 char_counts[]共 52 个元素，下标 0～25 存储大写字母[A～Z]的出现次数，下标 26～51 存储小写字母[a～z]的出现次数。

（2）大写字母和下标间转换为 ch－'A'，若字母为 A，则其对应的下标为 0（'A'－'A'＝0），小写字母和下标间的转换为 ch－'a'。

（3）小写字母'a'与大写字母'A'间下标差为 26，小写字母到下标的映射关系需要将 26 考虑到其中。

实现代码如下。

程序清单 2-5　ex2_4_2countingLetters.c

```
1   #define _CRT_SECURE_NO_WARNINGS
2   #include<stdio.h>
```

```c
3   #include<stdlib.h>
4   #define MAX_NUM 52
5   int main()
6   {
7       int char_counts[MAX_NUM];
8       char ch, chtmp;
9       int i, idx;
10      for(i =0; i < MAX_NUM; i++)
11          char_counts[i]=0;
12      while(scanf("%c",&ch))
13      {
14          if(ch =='#')
15              break;
16          chtmp = ch;
17          if(chtmp >='A'&& chtmp <='Z')
18          {
19              idx = chtmp -'A';
20              char_counts[idx]++;
21          }
22          if(chtmp >='a'&& chtmp <='z')
23          {
24              idx = chtmp -'a'+26;
25              char_counts[idx]++;
26          }
27      }
28      //输出时反向映射
29      for(idx =0; idx < MAX_NUM; idx++)
30      {
31          if(idx < MAX_NUM /2)
32              printf("%c%d\n",(char)('A'+ idx), char_counts[idx]);
33          else
34              printf("%c%d\n",(char)('a'+ idx -26), char_counts[idx]);
35      }
36      system("pause");
37      return 0;
38  }
```

测试数据如下。

In computer science, counting sort is an algorithm for sorting a collection of objects according to keys that are small integers. IT OPERATES BY COUNTING THE NUMBER OF OBJECTS THAT HAVE EACH DISTINCT KEY VALUE, AND USING ARITHMETIC ON THOSE COUNTS TO DETERMINE THE POSITIONS OF EACH KEY VALUE IN THE OUTPUT SEQUENCE.#

统计结果如表 2-5 所示。

表2-5 句子中字母出现次数对应的统计结果

A	B	C	D	E	F	G	H	I	J	K	L	M
9	3	8	3	22	2	2	9	12	1	2	2	3
N	O	P	Q	R	S	T	U	V	W	X	Y	Z
12	12	3	1	4	9	20	9	3	0	0	3	0
a	b	c	d	e	f	g	h	i	j	k	l	m
7	1	9	1	9	2	5	2	8	1	1	5	3
n	o	p	q	r	s	t	u	v	w	x	y	z
9	12	1	0	8	8	11	2	0	0	0	1	0

算法设计练习

1. 有 m(m 为正整数)组数据,每组有 n(n<100)个元素,对于每一组数据需要按中间高两边低以中心对称分布进行排列,中心对称位置处左侧数据可略高于右侧,若存在两个数值相同的情况,则将之分置于中心位置两侧对应的对称位置。例如,当输入 1 组 6 个数据 160 161 159 156 170 182 时,输出结果为 159 161 182 170 160 156。

2. 使用冒泡排序将给定 n 个数字序列进行从小到大的排序,计算排序过程中需要进行交换的次数。例如,当输入 5 个数据 9 1 0 5 4 时,输出的交换次数为 6。

3. 给定平面上的 n(n≥2)个点,将各个点按输入顺序从 1 开始编号(第一个点的编号为 1,第二个点的编号为 2,其他依此类推),按 1-2,1-3,…,2-3,2-4,…顺序计算各点对间的欧几里得距离并构成距离序列。将距离序列中最小的一个与距离序列中最前端元素交换,将最大的一个与距离序列中最后端元素交换。例如,输入 5 个点对 2 2 −7 7 5 −3 0 0 −1 −1 时,输出的距离序列为 1.41 5.83 2.83 4.24 1.41 9.90 10.00 5.83 6.32 15.62。

4. 将给定 n(n<100)个数从小到大排序,然后将其中最大的 m 个数字前移到序列前端。例如,当输入 10 个元素 5 8 7 4 1 2 3 6 9 11 时,按要求前移 2 个元素对应的输出结果为 9 11 1 2 3 4 5 6 7 8。

5. 将给定 n(n<100)个元素的数组从小到大排序,输出排序结果的中位数(保留两位小数)。例如,当输入 10 个数据 5 8 7 4 1 2 3 6 9 11 时,输出的中位数为 5.50。

第 3 章

递 归 算 法

在计算机程序设计中,若一个函数在其函数体内又直接或间接调用了自身,则称之为递归函数。递归的例子在生活中比比皆是,如"从前有座山,山里有个庙,庙里有个老和尚,老和尚给小和尚讲故事……",新闻联播中主播身后背景中的电视画面又出现了主播,等等。

要理解递归,仅了解递归的概念远远不够,需要从本质上掌握递归的特性、递归的使用场景以及递归存在的局限,才能够看得懂、写得出递归程序。因为递归是在函数内部调用其自身,所以递归要解决的必定是可重复性问题。计算机程序的实现是有穷的,需要在一定时间内执行完毕,故而递归程序不可能一直执行,必定在某个时刻到达出口,这就决定了问题的规模是逐渐递减的。从上述分析可以得出递归的本质特性如下。

(1) 问题及其子问题有相同的结构。
(2) 子问题的规模逐渐递减。
(3) 有终止条件作为出口。

用递归算法解决问题时,程序简洁清晰,易于理解,但递归程序调试复杂,真正理解相当不易。需要注意的问题是,由于函数调用的开销和子问题的重复求解,递归程序效率不高。因此,处理复杂问题时,递归程序往往需要与动态规划等算法相结合使用。

3.1 汉诺塔问题

汉诺塔问题是心理学实验研究常用的任务之一,在医学临床上也常将汉诺塔任务用于测查脑损伤者的执行功能。汉诺塔问题主要涉及三根高度相同的柱子和大小互不相同的一套 64 个圆盘,3 根柱子分别用起始柱 A、辅助柱 B 及目标柱 C 代表。汉诺塔问题的目标是通过辅助柱 B,将 64 个圆盘从起始柱 A 移动到目标柱 C 上。移动过程中,每次只能移动一个盘子,所有柱子上的盘子必须小盘在上、大盘在下。

3.1.1 汉诺塔问题解题思路分析

假设初始时盘子依序放在 A 柱上,盘子由 1 开始从上向下编号,先对问题进行必要分析获得问题的通解。

(1) $n=1$ 时,只有一个盘子,问题可直接解决。

序 号	盘 子	移动过程
第1次	1号	A→C
合计	1次	

(2) $n=2$ 时,2 个盘子需要借助其他柱子才能完成。

序 号	盘 子	移动过程
第1次	1号	A→B
第2次	2号	A→C
第3次	1号	B→C
合计	3次	

(3) $n=3$ 时,移动次数明显增多。

序 号	盘 子	移动过程
第1次	1号	A→C
第2次	2号	A→B
第3次	1号	C→B
第4次	3号	A→C
第5次	1号	B→A
第6次	2号	B→C
第7次	1号	A→C
合计	7次	

(4) $n=4$ 时,移动次数为 15。

……

以此类推,得到各项对应的形式为:$F_1=1, F_2=3, F_3=7, \cdots, F_n=2F_{n-1}+1=2^n-1$,当 $n=64$ 时,$F_{64}=2^{64}-1=18446744073709551615$,即使移动一次用一秒,移动完成也要 5000 多亿年。

要想理解递归算法解决汉诺塔问题,关键在于得"麻痹"自己,相信自己像神笔马良一样会使用"神笔",从整体上看待整个问题的解决过程,通过抽象将局部细节先暂存于假设之中,从而可以将问题分为 3 个大的步骤来解决,如图 3-1 所示。

(1) 将 A 柱顶端的 $n-1$ 个盘子通过施展"神笔"借助 C 柱移动到 B 柱上,此时 A 柱只剩最大 1 个盘子,B 柱有 $n-1$ 个盘子,C 柱为空。

(2) 第二步非常简单,直接将最大的盘子从 A 柱移动到 C 柱。

(3) 将 B 柱上的 $n-1$ 个盘子再次施展"神笔",借助 A 柱移动到 C 柱上,至此大功告成!

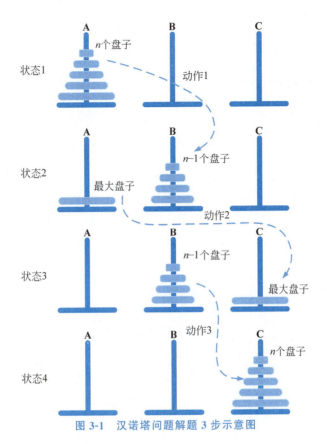

图 3-1 汉诺塔问题解题 3 步示意图

在此过程中,始终让人耿耿于怀的莫过于"神笔"功能是如何施展的。这个"神笔"的施展正是递归的精华所在。两次施展"神笔"处理的盘子数目都是 $n-1$ 个,规模小于原始问题的规模,求解方法却与原始问题相同。所以,"神笔"的施展与 n 个盘子时的处理方法相同,只需将图 3-1 中的 n 变为 $n-1$ 即可。处理 $n-1$ 个盘子时,可令 $m=n-1$,问题(1)就变成了将 m 个盘子从 A 柱借助 C 柱移动到 B 柱的过程,问题(3)则是将 m 个盘子从 B 柱借助 A 柱移动到 C 柱的过程。对于 m 个盘子的处理,与 n 个盘子处理的流程完全一致,这样一直递推下去,直至一个盘子时结束。

3.1.2 汉诺塔问题代码分析

求解汉诺塔问题的主体功能的是 hano() 函数,main() 函数用于测试,move_dishes() 函数用于输出移动圆盘的提示信息。

move_dishes() 函数的主要功能是输出实际移动圆盘时的提示信息,同时统计移动圆盘的总次数。因为函数执行后需要将总移动次数返回到 hano() 函数供下次计数使用,所以代表移动次数的 count 变量必须为指针变量。

hano() 函数包括有 5 个参数,n 为圆盘的个数,A 为起始柱对应的标识字母,B 为辅助柱对应的标识字母,C 为目标柱对应的标识字母,指针 count 用于统计移动次数。当只有一个圆盘时,直接将圆盘从 A 柱移动到 C 柱;当圆盘数多于一个时,需要施展"神笔"进行"三步走",先将 $n-1$ 个圆盘从 A 柱借助 C 柱移动到 B 柱,然后将最大圆盘从 A 柱移动到 C 柱,最后将 $n-1$ 个圆盘从 B 柱借助 A 柱移动到 C 柱。

实现代码如下。

程序清单 3-1　ex3_1hano.c

```c
#define _CRT_SECURE_NO_WARNINGS
#include<stdio.h>
#include<stdlib.h>
void move_dishes(int disks,char source,char dest,int * count)
{
    (* count)++;            //移动次数加 1
    printf("第%d次移动: ", * count);
    printf("%d号圆盘 %c -> %c\n",disks,source,dest);
}
void hano(int n,char A,char B,char C,int * count)
{
    if(n ==1)
        move_dishes(n, A, C, count);
    else
    {
        hano(n -1, A, C, B, count);
        move_dishes(n, A, C, count);
        hano(n -1, B, A, C, count);
    }
}
int main()
{
    int count =0;
    hano(3,'A','B','C',&count);
    system("pause");
    return 0;
}
```

当圆盘个数为 3 时,运行结果如下。

```
第1次移动: 1号圆盘 A -> C
第2次移动: 2号圆盘 A -> B
第3次移动: 1号圆盘 C -> B
第4次移动: 3号圆盘 A -> C
第5次移动: 1号圆盘 B -> A
第6次移动: 2号圆盘 B -> C
第7次移动: 1号圆盘 A -> C
```

3.2　全排列问题

排列就是将元素(或符号)按照确定的顺序进行重排,重排后的每一个顺序称为一个排列。例如,对于元素集 $S=\{1,2,3\}$ 而言,可获得 6 个排列 $p_1=(1,2,3)$,$p_2=(1,3,2)$,$p_3=(2,1,3)$,$p_4=(2,3,1)$,$p_5=(3,1,2)$,$p_6=(3,2,1)$。从 n 个不重复元素中任取 m 个元素,这 m 个元素构成的所有不同排列的个数称为排列数,记为 A_n^m 或 $A(n,m)$,计算公式如式(3.1)所示。

$$A_n^m = n(n-1)(n-2)\cdots(n-m+1) = \frac{n!}{(n-m)!} \tag{3.1}$$

其中!表示阶乘。以 A_6^3 为例，共有 3 个位置可以放置元素，第 1 个位置所有 6 个元素都可以放置，第 2 个位置只有 5 个元素可以放置，第 3 个位置只有 4 个元素可以放置，可构成的排列数为 $A_6^3 = 6 \times 5 \times 4 = \frac{6!}{(6-3)!} = \frac{720}{6} = 120$。

当 $m=n$ 时，构成的排列称为全排列。根据 $S=\{1,2,3\}$ 获得的全排列结果可以看出，参与全排列的元素 s_i 在排列的所有位置均出现过，每次都构成一个新的排列。因此，生成全排列的过程就是寻找一种映射规则，让参与排列的每个元素在排列的各位置出现一次。对于有 n 个元素的集合 $S=\{s_1,s_2,\cdots,s_n\}$，生成其对应的全排列过程可以描述为：取集合中任一元素 s_i，将其置于排列中的第 1 个位置 p_1，则求全排列 $p_1p_2\cdots p_n$ 就变成了求以 s_i 为首元素的子排列问题。同理，分别将 s_i 置于 $p_2,p_3,\cdots,p_n$ 处均可获得对应的子排列。合并所有子排列就能获得 $S=\{s_1,s_2,\cdots,s_n\}$ 对应的全排列。求解子排列与求解原排列使用相同的处理方法，但子排列的规模为 $n-1$，当只有一个元素时求解结束。因此，求解全排列具有典型的递归特性，可以通过递归来枚举生成排列树的方式求解全排列问题。假定待处理的元素集合为 $S=\{s_1,s_2,\cdots,s_n\}$，令 $S_i=S-s_i$，用 $P(S)$ 表示 S 的全排列，$(s_i)P(S_i)$ 表示由 S_i 的每一个排列加上前缀 s_i 构成的排列，则全排列可用式(3.2)进行描述。

$$P(S) = \begin{cases} (s), & n=1 \\ (s_1)P(S_1),(s_2)P(S_2),\cdots,(s_n)P(S_n), & n>1 \end{cases} \tag{3.2}$$

图 3-2 给出了集合为 $\{1,2,3,4\}$ 时的全排列枚举树。

3.2.1 无重复元素的全排列

对一个无重复元素的有限集或其子集进行全排列时，可以按照最朴素的方法以递归的方式进行求解。

1. 解题思路

求有 n 个不重复元素的全排列的基本思路如下。

(1) 先取出集合中的第 1 个元素 s_1 作为排列第 1 位，将其余的 $n-1$ 个元素 $S_{n-1}=\{s_2,s_3,\cdots,s_n\}$ 进行全排列。之后，分别将集合中第 2 个元素 s_2，第 3 个元素 s_3，…，第 n 个元素 s_n 与 s_1 交换位置，求解剩余 $n-1$ 个元素构成的全排列。如图 3-2 所示，先取 $s_1=1$，将其作为排列结果的第 1 位，然后求解由 $\{2,3,4\}$ 构成的全排列；将 $s_2=2$ 与 $s_1=1$ 交换位置，将 $s_2=2$ 作为排列结果的第 1 位，然后求解由 $\{1,3,4\}$ 构成的全排列；以此类推，分别将 $s_3=3$ 和 $s_4=4$ 与 $s_1=1$ 交换位置，求解对应的全排列。

(2) 对 $n-1$ 个元素进行全排列时，同样先确定第 1 位，然后其余 $n-2$ 个元素进行全排列，以此类推，直至集合中只余一个元素时结束。从分析过程中可以看出，问题和子问题的求解方法是相同的，与原问题相比，子问题的规模不断缩小，当 $n=1$ 时，处理结束。这是典型的递归求解问题。

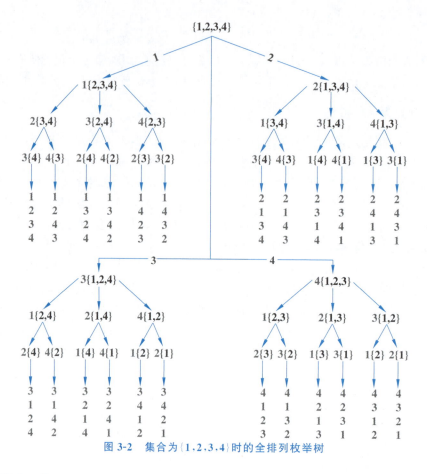

图 3-2 集合为{1,2,3,4}时的全排列枚举树

2. 辅助函数

为了便于处理,假定需要进行排列的元素均为字符型。建立 swap_element( )函数,该函数用于交换集合中的两个元素。函数有 3 个参数,list[ ]为构成排列的字符元素集合,m 和 n 为待交换值的两个元素对应的下标。

```
7    void swap_element(char list[], int m, int n)
8    {
9        char temp = list[m];
10       list[m]= list[n];
11       list[n]= temp;
12   }
```

3. 朴素全排列函数

实现朴素全排列功能的函数为 native_all_perm( )。native_all_perm( )函数为递归函数,实现从 list[ ]集合中 start 至 last 范围内元素的全排列,使用 current 表示本次递归过程中的当前位置。函数有 4 个参数,list[ ]为元素集合,start 为起始位置下标,current 为当前位置下标(递归时使用),last 为终止位置下标。

当前递归位置 current 到达 last 时,说明已经实现了某个排列,到达出口,可以输出该排列。未到达出口时,从 current 至 last,依次交换 i 与 current 位置的元素,然后再进行全排列。

实现代码如下。

```
13  void native_all_perm(char list[],int start,int current,int last)
14  {
15      int i;
16      if(current == last)//出口,输出排列
17      {
18          for(i = start; i <= last; i++)
19              printf("%c", list[i]);
20          printf("\n");
21      }
22      else
23      {
24          for(i = current; i <= last; i++)
25          {
26              swap_element(list, current, i);//交换
27              native_all_perm(list, start, current +1, last);
28              swap_element(list, current, i);//还原
29          }
30      }
31  }
```

在循环内部,首先将当前元素 list[current] 与集合中的第 i 个元素 list[i] 交换位置,然后求解以 list[i] 开头、由集合中剩余元素构成的全排列,再将 list[current] 恢复到原来位置准备进行下一次处理。

需要注意的是,求解子排列后,数据处于"脏"状态,必须将 list[current] 恢复到原来位置,否则会导致部分排列未能正确生成和出现重复排列等问题。例如,集合{2,3,4}在选定第一个元素 2 的前提下,将求解 2{3,4}构成的子排列,先后形成[2 3 4]和[2 4 3];交换第 1 元素 2 和第 2 元素 4 后,将元素 4 置于第一个位置,将求解 4{2,3}构成的子排列,先后形成[4 2 3][4 3 2];继续交换第 1 元素 4 和第 3 元素 2,将会导致重复求解 2{3,4}子排列。因此,在递归求解过程中必须将交换后的元素还原到其初始位置以确保下次交换正常进行。

至此,已经实现了 n 个不重复元素的全排列。但元素集合中有重复元素的情况尚未解决,例如元素集合为{a,b,b}时,交换后会出现两个值相同的重复排列。因此,需要解决全排列的去重问题,需要对当前算法进一步改进。

3.2.2 有重复元素的全排列

若元素集合中存在重复元素,生成全排列时需要解决重复问题,例如 abb 形式只应输出一次。生成消除重复元素的全排列的主体函数是 all_perm() 函数,参数与朴素全排列函数 native_all_perm() 相同,处理流程基本一致,唯一变化的是在进行进一步递归生成排列前调用了 need_swap() 函数。

1. 辅助函数

need_swap()函数用于判定当前元素与之前的元素间是否存在重复,是实现消除重复全排列的关键。该函数有 3 个参数,list[]、current 和 i,作用和意义与朴素全排列函数 native_all_perm()相同。去重全排列的根本在于当前元素只需要与它前面出现的非重复字符交换。因此,need_swap()函数增加了判断条件,判定两个待交换元素的值是否相同,若相等则表示元素值重复无须交换,不相同则应进行交换。

```
32    int need_swap(char list[],int current,int i)    //list[i]是等待被交换的元素
33    {
34        int j;
35        //若[current, i)范围内存在和list[i]相同的元素则说明该排列已经存在
36        for(j = current; j < i; j++)
37            if(list[j]== list[i])
38                return 0;
39        return 1;
40    }
```

2. 整合后的全排列代码

本部分代码将朴素全排列函数与消除重复情况的全排列函数合并到同一段代码中,在主函数中进行测试。

程序清单 3-2 ex3_2permutation.c

```
1    #define _CRT_SECURE_NO_WARNINGS
2    #include<stdio.h>
3    #include<stdlib.h>
4    #include<string.h>
5    #define MAX_CHARS 101
6    //交换数组 list[]中下标为 m 和 n 的元素
7    void swap_element(char list[],int m,int n)
8    {
9        char temp = list[m];
10       list[m]= list[n];
11       list[n]= temp;
12   }
13   void native_all_perm(char list[],int start,int current,int last)
14   {
15       int i;
16       if(current == last)//出口,输出排列
17       {
18           for(i = start; i <= last; i++)
19               printf("%c", list[i]);
20           printf("\n");
21       }
22       else
23       {
24           for(i = current; i <= last; i++)
```

```c
25              {
26                  swap_element(list, current, i);          //交换
27                  native_all_perm(list, start, current +1, last);
28                  swap_element(list, current, i);          //还原
29              }
30      }
31  }
32  int need_swap(char list[],int current,int i)    //list[i]是等待被交换的元素
33  {
34      int j;
35      //若[current, i)范围内存在和list[i]相同的元素则说明该排列已经存在
36      for(j = current; j < i; j++)
37          if(list[j]== list[i])
38              return 0;
39      return 1;
40  }
41  //消除重复情况的全排列函数
42  void all_perm(char list[],int start,int current,int last)
43  {
44      int i;
45      if(current == last)//到达序列结尾,递归终止,输出排列
46      {
47          for(i = start; i <= last; i++)
48              printf("%c", list[i]);
49          printf("\n");
50      }
51      for(i = current; i <= last; i++) //从current至尾依次交换元素,生成全排列
52      {
53          if(!need_swap(list, current, i))    //current与其后元素重复,无须交换
54              continue;
55          swap_element(list, current, i);
56          all_perm(list, start, current +1, last);
57          swap_element(list, current, i);
58      }
59  }
60  int main()
61  {
62      char str[MAX_CHARS];
63      int len, start, k, current;
64      printf("请输入构成排列的字符集,起始下标及元素个数\n");
65      scanf("%s%d%d", &str, &start, &k);
66      len = strlen(str);
67      len = (len <= MAX_CHARS -1)? len :(MAX_CHARS -1);
68      current = start;
69      //初始时current与start值相同,current在递归过程中不断变化
70      //native_all_perm(str, start, current, start + k - 1);
71      all_perm(str, start, current, start + k -1);
72      system("pause");
73      return 0;
74  }
```

3. 测试数据及运行结果

(1) 无重复情况。

当输入数据为 abcdef 1 3 时,运行结果如下(无重复情况)。

```
abcdef 1 3
bcd
bdc
cbd
cdb
dcb
dbc
```

(2) 有重复情况。

当输入数据为 abccd 1 3 时,运行结果如下(有重复)。

```
abccd 1 3
bcc
cbc
ccb
```

3.3 因数分解问题

正整数 S 可表示为若干个正整数的乘积,即 $S = s_1 \times s_2 \times \cdots \times s_n$,其中各个因子构成一个递增序列,即 $s_1 \leqslant s_2 \leqslant s_3 \leqslant \cdots \leqslant s_n$,称之为 S 的因数分解。一个正整数 S 的分解中,各因子间是无序的,如 $12 = 2 \times 2 \times 3$、$12 = 2 \times 3 \times 2$ 和 $12 = 3 \times 2 \times 2$ 对应的是同一个分解。因此,限定 $S = s_1 \times s_2 \times \cdots \times s_n$ 中 $s_1 \leqslant s_2 \leqslant s_3 \leqslant \cdots \leqslant s_n$ 以确保不会由于因子对称等原因导致重复解。每一种 $S = s_1 \times s_2 \times \cdots \times s_n$ 称为 S 的一个分解,需要注意的是 $s = S$ 也是一种分解。例如 4、8、12 和 24 的分解数分别为 2、3、4 和 7,分解过程如下。

$$4 = 1 \times 4$$
$$= 2 \times 2$$
$$8 = 1 \times 8$$
$$= 2 \times 4$$
$$= 2 \times 2 \times 2$$
$$12 = 1 \times 12$$
$$= 2 \times 6$$
$$= 2 \times 2 \times 3$$
$$= 3 \times 4$$
$$24 = 1 \times 24$$
$$= 2 \times 12$$
$$= 2 \times 2 \times 6$$
$$= 2 \times 2 \times 2 \times 3$$
$$= 2 \times 3 \times 4$$
$$= 3 \times 8$$
$$= 4 \times 6$$

3.3.1 因子递增方式递归求解

以 24 为例,对 24 的各个分解进行整理和重新排列,可以得出以下规律。

① 24＝1×24
② ＝2×12
③ ＝2×2×6
④ ＝2×2×2×3
⑤ ＝2×3×4
⑥ ＝3×8
⑦ ＝4×6

(1) 1 和 24 自身构成 24 的第一组分解,对应①。
(2) ②、③、④和⑤构成 2 和 12 对应的第二组分解。
(3) 3 和 8 构成 24 的第三组分解,对应⑥。
(4) 4 和 6 构成 24 的第四组分解,对应⑦。

从整体上看,各组分解的首个因子呈递增趋势,这就意味着各组分解的第二因子必定呈递减趋势。从局部看,②、③、④和⑤中,③、④和⑤分别对应 12 的一组分解,其分解方法与 24 的分解方法相同。进一步,③和④中,④是③中第二个因子 6 的一组分解。各组分解中,第一因子有上限值 $S/2$,更进一步可限定为 $\sqrt{S}$。各子分解中,第二因子不小于第一因子。

从上述分析可以得出,24 的各组分解中存在子分解,子分解与原分解的规律相同,规模减小,具有典型的递归特征。因此,可以使用递归来解决因数分解问题。

令 $S_i=S/(s_1×s_2×\cdots×s_i)$,对 S 进行分解时,其分解过程如下。

(1) S 自身算一种分解。
(2) 剩余分解可以通过 $2\sim\sqrt{S}$ 范围内的每一个整数 k 进行试除。
① 若 $s_i=k$ 为 S 的因子,则寻找到 1 个新的分解 $s_1×s_2×\cdots×s_i×S_i$。
② 同时还应该注意到,S_i 仍有可能含最小因子不小于 $s_i=k$ 的分解,需要对 S_i 从 $s_i=k$ 开始继续分解。

图 3-3 给出了正整数 4、8、12 和 24 从 2 开始进行因数分解的示意图。

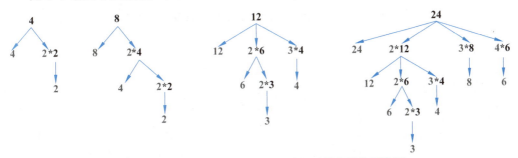

图 3-3　4、8、12 和 24 的从 2 开始进行因数分解的示意图

以 24 为例,其因数分解过程如下。

(1) 24 自身是一种分解,因此获得第 1 种分解 24=24。

取 $k=2,3,4$(因为 $4<\sqrt{24}<5$)分别试除进行分解,递增试除保证了各个因子间是递增的,而且不会出现重复分解。

(2) 当 $s_1=k=2$ 时,4 种分解如下。

① $S_1=S/s_1=24/2=12$,获得第 2 种分解 $S=s_1\times S_1$,即 $24=2\times 12$。

② S_1 可进一步进行分解,取 $s_2=k=2,S_2=S/(s_1\times s_2)=24/(2\times 2)=6$,获得第 3 种分解 $S=s_1\times s_2\times S_2$,即 $24=2\times 2\times 6$;S_2 可进一步进行分解,取 $s_3=k=2,S_3=S/(s_1\times s_2\times s_3)=3$,获得第 4 种分解 $S=s_1\times s_2\times s_3\times S_3$,即 $24=2\times 2\times 2\times 3$。

③ S_1 可进一步进行分解,取 $s_2=k+1=3,S_2=S/(s_1\times s_2)=4$,获得第 5 种分解 $S=s_1\times s_2\times S_2$,即 $24=2\times 3\times 4$。

(3) 当 $s_1=k=3$ 时,$S_1=S/s_1=24/3=8$,获得第 6 种分解 $S=s_1\times S_1$,即 $24=3\times 8$。

(4) 当 $s_1=k=4$ 时,$S_1=S/s_1=24/4=6$,获得第 7 种分解 $S=s_1\times S_1$,即 $24=4\times 6$。

3.3.2 子问题分解方式递归求解

第 2 种分解方法主要是通过对问题的分析,获得子问题的表述,根据递归表达式来进行求解。3.3.1 节通过试除法,利用 $2\sim\sqrt{S}$ 之间的因子获取某个分解。也可以从 S 出发,以因子递减方式逐步尝试对 S 及其因子进行分解,最终基于解的加法原理获得 S 的各个分解。S 的分解因数问题 $N(S,m)$ 的递归表达式如式(3.3)所示。

$$N(S,m)=\begin{cases}1, & S=1\\ 0, & m=1\\ N(S,m-1)+N(S/m,m), & m\mid S\\ N(S,m-1), & m\nmid S\end{cases} \quad (3.3)$$

其中,$m\mid S$ 表示 S 能被 m 整除,$m\nmid S$ 表示 S 不能被 m 整除。

3.3.3 因数分解问题代码分析

get_factor_numbers1()函数使用因子递增方式进行因数分解。函数有两个参数,n 是待分解的数值,m 是分解的起始值(一般从 2 开始,即 m 的初值为 2)。函数在进行因数分解时,①将因数为自身的情况计入统计过程;②当重复分解至 1 时,分解过程结束;③未分解至 1 时,用循环变量 i 从 2 到 $\sqrt{n}$ 逐个遍历进行试除,若试除成功则将 n/i 从 i 开始进一步分解。

实现代码如下。

```
程序清单 3-3  ex3_3factors.c
1  #define _CRT_SECURE_NO_WARNINGS
2  #include<stdio.h>
3  #include<stdlib.h>
4  int get_factor_numbers1(int n,int m)    //从 2 开始遍历所有可能的分解
5  {
6      int i, ans =1;                       //自身算 1 种
```

```
7       if(n ==1)
8           return 0;
9       for(i = m; i * i <= n; i++)
10      {
11          if(n % i ==0)
12              ans += get_factor_numbers1(n / i, i);
13      }
14      return ans;
15  }
```

get_factor_numbers2()函数使用子问题分解方式进行因数分解。函数有 2 个参数,n 是待分解的数值,m 是分解的起始值(代表要分解的(疑似)最大因子,一般从 n 开始,逐渐递减至 1)。函数在进行因数分解时,若被分解的数为 1 时,只有一种分解方式;若最大因子为 1 时,则返回 0;若 m 为 n 的因子,则进行递归分解并统计解的总和;若 m 不为 n 的因子,则从 m−1 开始继续尝试新的分解过程。

```
16  int get_factor_numbers2(int n,int m)
17  {
18      if(n ==1)
19          return 1;               //若分解的数字为 1
20      if(m ==1)
21          return 0;               //若最大因子为 1
22      //如果 m 确实是 n 的因子,那么进行递归调用,并将分解种数相加
23      if(n % m ==0)
24      {
25          int c1 = get_factor_numbers2(n, m -1);
26          int c2 = get_factor_numbers2(n / m, m);
27          return c1 + c2;
28      }
29      //m 不为 n 的因子,尝试将 m-1 作为最大因子
30      return get_factor_numbers2(n, m -1);
31  }
32  int main()
33  {
34      int n, m1, m2, count;
35      printf("请输入待因数分解的元素个数\n");
36      scanf("%d",&count);
37      while(count--)
38      {
39          scanf("%d",&n);
40          m1 = get_factor_numbers1(n,2);
41          m2 = get_factor_numbers2(n, n);
42          printf("%d %d\n", m1, m2);
43      }
44      system("pause");
45      return 0;
46  }
```

测试数据及运行结果如下。

当输入两个测试数据：12 和 24 时，12 有 4 种分解方式，24 有 7 种分解方式，运行结果如下。

```
2
12
4  4
24
7  7
```

3.4 分形图形

分形算法是现代数学的一个新分支，与动力系统的混沌理论交叉结合，相辅相成。在一定条件下，事物在形态、结构、信息、功能、时间或能量等方面表现出与整体的相似性。分形是指事物的多重自相似性，可以是以自然形态存在的，也可以是人为设计的。

图 3-4　芒德球

美籍法国数学家 B.B.Mandelbrot 在 1975 年首先提出了分形几何的概念。计算机的应用和普及，使人们真正了解了分形。2009 年，英国分形爱好者 Daniel White 创造出 3D 分形影像，并将之命名为芒德球，如图 3-4 所示。尽管芒德球外形极其烦琐，但却是由基于复数的基础算法得出的。

3.4.1 盒分形思路分析

本节主要研究盒分形。盒分形的规模用度来表述，盒分形定义如下。

（1）度为 1 的盒分形：

X

（2）度为 2 的盒分形：

```
X    X
  X
X    X
```

（3）度为 n 的盒分形：

用 $B(n-1)$ 表示度为 $n-1$ 的盒分形，则度为 n 的盒分形可用式(3.4)表示。

$$B(n-1) \qquad\qquad B(n-1)$$
$$B(n-1) \qquad\qquad\qquad (3.4)$$
$$B(n-1) \qquad\qquad B(n-1)$$

假设输出符号为 X，度为 3 的盒分形输出如下。

```
        X   X           X   X
              X               X
        X   X   X       X   X
                X   X
                  X
                X   X
        X   X           X   X
              X               X
        X   X           X   X
```

度为 n 的盒分形可用边长为 3^{n-1} 的正方形表示其坐标,如图 3-5 所示。以屏幕左上角作为坐标原点,x 轴水平向右为正,y 轴垂直向下为正,递归函数 box(k,x,y) 生成以坐标 (x,y) 为左上角的 k 度盒分形。递归生成符号为 X 的 n 度盒分形可表述如下。

(1) $n=1$ 时,到达递归边界,在 (x,y) 输出符号 X。

(2) $n>1$ 时,需要分别在左上、右上、中间、左下和右下生成 5 个 $n-1$ 度盒分形,$n-1$ 度盒分形对应正方形的边长为 $m=3^{n-2}$。

① 左上方 $n-1$ 度盒分形,其左上角的坐标为 (x,y),调用 box($n-1$,x,y) 函数生成。

② 右上方 $n-1$ 度盒分形,其左上角的坐标为 ($x+2m$,y),调用 box($n-1$,$x+2m$,y) 函数生成。

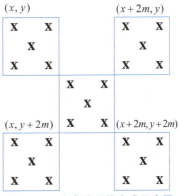

图 3-5 n 度盒分形的生成示意图

③ 居中的 $n-1$ 度盒分形,左上角的坐标 ($x+m$,$y+m$),调用 box($n-1$,$x+m$,$y+m$) 函数生成。

④ 左下方 $n-1$ 度盒分形,其左上角的坐标为 (x,$y+2m$),调用 box($n-1$,x,$y+2m$) 函数生成。

⑤ 右下方 $n-1$ 度盒分形,坐标为 ($x+2m$,$y+2m$),调用 box($n-1$,$x+2m$,$y+2m$) 函数生成。

3.4.2 盒分形代码分析

本节的盒分形算法代码将分形信息保存于二维数组 maps[][] 中。当某个位置存在分形标志时,maps[i][j] 的值用符号'X'表示,否则用空格表示。分形算法主要通过递归函数 fractal_box() 实现。Fractal_box() 函数有 4 个参数,maps[][MAX_DEGREE] 用于保存分形信息对应的标志,degree 代表当前调用对应的分形度数,x 和 y 代表分形对应的坐标位置。

为了简化输出盒分形的复杂度,将盒分形信息保存于二维字符数组 maps[][] 中,处理结束后以字符串的形式输出。主函数执行时,①计算 n 度盒分形对应的边长 3^{n-1};②初始化保存分形信息的数组 maps[][] 各元素为单个空格,将行尾置为'\0';③调用 fractal_box() 函数以递归方式求解分形信息;④以字符串方式输出分形信息。

实现代码如下。

程序清单 3-4　ex3_4boxes.c

```c
#define _CRT_SECURE_NO_WARNINGS
#include<stdio.h>
#include<stdlib.h>
#include<math.h>
#define MAX_DEGREE 730              //最大规模为7度盒分形: n=3^(7-1)=3^6=729
void fractal_box(char maps[][MAX_DEGREE],int degree,int x,int y)
{
    int m;
    if(degree ==1) //度为1时到达递归边界
        maps[x][y]='X';
    else
    {
    //n-1度盒分形的规模 m=3^(n-2)
        m = pow(3.0, degree -2);
        //x为行坐标, y为列坐标
        //左上方的n-1度盒分形
        fractal_box(maps, degree -1, x, y);
        //右上方的n-1度盒分形: 行未变, 列增大
        fractal_box(maps, degree -1, x, y +2 * m);
        //中间的n-1度盒分形: 行列均增大
        fractal_box(maps, degree -1, x + m, y + m);
        //左下方的n-1度盒分形: 行增大, 列不变
        fractal_box(maps, degree -1, x +2 * m, y);
        //右下方的n-1度盒分形
        fractal_box(maps, degree -1, x +2 * m, y +2 * m);
    }
}
int main()
{
    char maps[MAX_DEGREE][MAX_DEGREE];
    int i, j, n, degree;
    scanf("%d",&n);
    degree = pow(3.0, n -1);
    for(i =0; i < degree; i++)
    {
        for(j =0; j < degree; j++)
        {
            maps[i][j]=' ';
            maps[i][degree]='\0';
        }
    }
    fractal_box(maps, n,0,0);//从左上角 0 0 点开始
    for(i =0; i < degree; i++)
        printf("%s\n",maps[i]);
    system("pause");
    return 0;
}
```

测试数据及运行结果如下。

当输入度数为3时,盒分形运行如下。

算法设计练习

1. 判断一个给定整数 $n(-2^{31} \sim 2^{31}-1)$ 是否是2的幂次方,如果是则输出"是",否则输出"否"。

2. 假设农场中成熟的母牛每年只会生一头小母牛,且永远不会死。若第一年农场有一头成熟的母牛,求 n 年后母牛的数量。例如,输入为8时,输出结果为19。

设 $f(n)$ 为 n 年后母牛的数量,则第 n 年牛的来源有两个:①已经存在的牛。因为牛是永远不会死的,所以第 $n-1$ 年存在的牛第 n 年都将存在。②新生的牛。因为每头小牛3年之后成熟才可以生小牛,第 $n-3$ 年未成熟的小牛到了第 n 年会成熟,而且开始生小母牛。因此,第 n 年新生的牛来自于第 $n-3$ 年的未成熟小母牛和成熟母牛。由此可以获得如下递推公式。

$$f(n) = \begin{cases} 1, n=1 \\ 2, n=2 \\ 3, n=3 \\ f(n-1)+f(n-3), n>3 \end{cases}$$

3. 一只小猴子第一天摘下桃子若干,当即吃掉一半,又多吃一个,第二天又将剩下的桃子吃掉一半多一个,以后每天吃掉前一天剩下的一半多一个,到第 n 天准备吃的时候只剩下一个桃子。请编写递归程序,根据给定天数 n 计算第一天共有多少个桃子。例如,当输入为3时,输出结果为10。

4. 已知 k 是集合 M 中的元素。若 y 为 M 中的元素,则 $2y+1$ 和 $3y+1$ 均为 M 中的元素。给定 $k(0 \leqslant k \leqslant x \leqslant 105)$ 和 y,若 y 是 M 中的元素输出"是",否则输出"否"。例如,输入为0和22时,输出为"是"。

5. 编写一个递归函数,计算一个整数的各位数字之和。例如,输入为1234,输出结果为10。

第 4 章

数论基础

数论是关于数的理论,是一个古老而优美的学科。数论是应用性极强的学科,在物理、化学、生物、电子和通信等领域都有深入应用。随着计算机科学和电子技术的快速发展,整数分解、素数测定和同余等数论基本问题广泛应用于以网络与信息安全为代表的现代密码学领域和以快速计算为代表的计算机科学领域。

4.1 余数和最大公约数

余数和约数是素数问题和同余问题的基础,二者相关的性质与整除密不可分。设有整数 n 和 $m(m \neq 0)$,若存在整数 k 使得 $n = k \times m$,称 m 整除 n,记为 $m \mid n$。若不存在上述整数 k,则称 m 不整除 n,记为 $m \nmid n$。

4.1.1 余数

当两个整数 n 和 m 相除之商不能以整数表示时,"余留下的量"称为余数。若 m 和 n 为整数且 $m \neq 0$,则存在唯一的整数 k 和 r,满足条件 $n = k \times m + r$(也可以表示为 $r = n - k \times m$),且 $0 \leqslant r < m$,其中 k 称为商,r 称为余数。

余数运算具有以下规则(用%符号表示模运算)。

1. 模 p 加法

$(a+b) \% p = [(a \% p) + (b \% p)] \% p$,$a$ 与 b 的和除以 p 的余数等于 a、b 分别除以 p 的余数的和再与 p 取余数(因为可能出现 $[(a \% p) + (b \% p)] \geqslant p$ 的情况),即和的模等于模的和。例如,令 $a = 23, b = 16$,23 和 16 与 5 取模分别是 3 和 1,所以 $(23+16) \% 5 = [(23 \% 5) + (16 \% 5)] \% 5 = 4$。

2. 模 p 减法

$(a-b) \% p = [(a \% p) - (b \% p)] \% p$,$a$ 与 b 的差除以 p 的余数等于 a、b 分别除以 p 的余数的差再与 p 取余数,即差的模等于模的差。例如,令 $a = 23, b = 16$,则 $(23-16) \% 5 = [(23 \% 5) - (16 \% 5)] \% 5 = 2$。

注意:当 $a > b$ 且 $(a \% p) < (b \% p)$ 时,$[(a \% p) - (b \% p)] < 0$,需要利用模 p 的同余性质求解,所求余数为 $(a-b) \% p = p - [(b \% p) - (a \% p)]$。例如,令 $a = 23, b = 19$,23 和 19 与 5 取模的结果分别是 3 和 4,所以 $(23-19) \% 5 = 5 - (4-3) = 4$。

3. 模 p 乘法

$(a \times b)\%p = [(a\%p) \times (b\%p)]\%p$。$a$ 与 b 的积除以 p 的余数等于 a、b 分别除以 p 的余数的积再与 p 取余数(因为可能出现 $[(a\%p) \times (b\%p)] \geqslant p$ 的情况)。例如,令 $a=23, b=16$,23 和 16 除以 5 的余数分别是 3 和 1,所以 $(23 \times 16)\%5 = [(23\%5) \times (16\%5)]\%5 = (3 \times 1)\%5 = 3$。

4. 模 p 幂

$a^b\%p = (a\%p)^b\%p$。若 a 与 b 的模 p 同余,即 $a \equiv b \pmod{p}$,则 $a^n \equiv b^n \pmod{p}$,但余数未必与原式的余数相同。例如,$3 \equiv 7 \pmod 4$,可以算得 $3^2 \equiv 7^2 \pmod 4$ 的余数都等于 1,余数相等但不为 3。再例如,$3^{2017}\%2 = (3\%2)^{2017}\%2 = 1^{2017}\%2 = 1$。

对于 $a\%p \neq 1$ 的情况,需要转化为 1 的情况,再进行处理。

5. 模运算常用到的规律

(1) $N\%2 = (N\%10)\%2$,$N\%5 = (N\%10)\%5$,即 N 模 2 或 5 的余数等于 N 的个位数模 2 或 5 的余数。

(2) $N\%4 = (N\%100)\%4$,$N\%25 = (N\%100)\%25$,即 N 模 4 或 25 的余数等于 N 的末 2 位数模 4 或 25 的余数。

(3) $N\%8 = (N\%1000)\%8$,$N\%125 = (N\%1000)\%125$,即 N 模 8 或 125 的余数等于 N 的末 3 位数模 8 或 125 的余数。

(4) N 模 3 或 9 的余数等于 N 的各个数位上数字之和模 3 或 9 的余数。

(5) N 模 11 的余数等于 N 的奇数位数上数字之和与偶数位上数字之和的差模 11 的余数。

【例 4-1】 有一串数:5,8,13,21,34,55,89,…,其中第一个数是 5,第二个数是 8,从第三个数起,每个数恰好是前两个数的和。那么在这串数中,第 2008 个数被 3 除后所得余数是多少?

本问题可以用 3 种方法解决:最朴素的方法是从头至尾逐项计算,或者寻找数据出现的规律,利用与余数相关的性质进行计算。

(1) 最直接、最暴力的做法就是根据题目描述从初始数据不断计算各个数据项,直到第 2008 项,然后再对第 2008 项求解余数。这种方法在数据量较小时尚可,当数据量非常大时,效率就会变得极低。

(2) 利用循环节,逐项计算各个数据项对应的余数值,观察对应的余数项的变化规律。若各余数项呈周期性变化,即出现循环节,就可以快速计算。本题中,分别取 5、8、13、21、34、55、89、144、233、377 对 3 的余数,得到 {2,2,1,0,1,1,2,0,2,2,…},发现余数呈现周期为 8 的变化规律,如图 4-1 所示。2008÷8=251,所以第 2008 项与 3 的余数是 0。

(3) 利用余数定理中"和的余数等于余数的和"优化求解过程

不需要逐项计算数据项的余数,只需要利用前两项所得余数进行递推,即可获得后续各项的余数。先分别求前两项 5 和 8 与 3 的余数,可得 2 和 2,根据"和的余数等于余数的

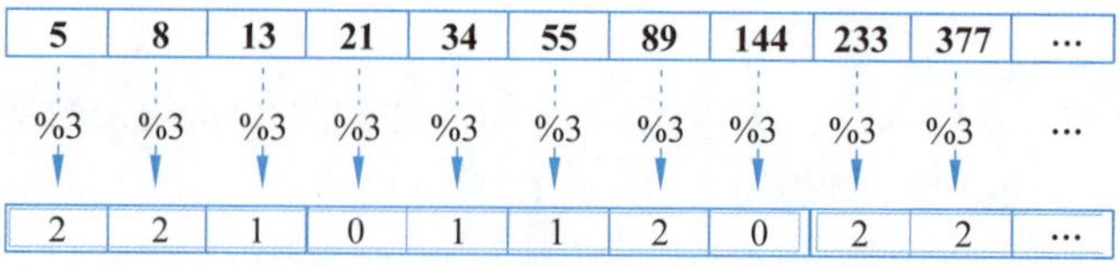

图 4-1 利用循环节计算余数

和",利用递推公式 $(a+b)\%p=[(a\%p)+(b\%p)]\%p$ 可以直接从前两项的余数推得第 3 项的余数,因此不必再从原数据项进行计算。如图 4-2 所示,2 和 2 的余数为 1,2 和 1 的余数为 0,1 和 0 的余数为 1,以此类推,到第 9 项时就可发现周期为 8 的循环节,不必再继续推算。2008%8=0,对应余数的最后一项 0,所以计算结果为 0。

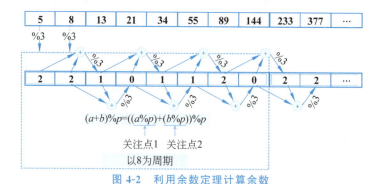

图 4-2 利用余数定理计算余数

【**例 4-2**】 小李、小张、小王是同学,毕业后在同一城市工作,三人都负责公司的食品采购工作,定期去某超市采购。三人分别每隔 6 天、8 天和 9 天采购一次。某星期一,三人在超市相遇。问下次三人相遇是星期几?

错误解答:$(6×8×9)\%7=[(6\%7)×(8\%7)×(9\%7)]\%7=(6×1×2)\%7=5$,$1+5=6$,三人下次在超市相遇是星期六。

乘法取余运算时,不能直接通过计算各项余数乘积的方式求得。可通过短除法,求得各项除数与各余数的最小公倍数的方式获得,但必须保证余数间两两互质,如式(4.1)和式(4.2)所示。

$$\begin{array}{r|lll} 2 & 6 & 8 & 9 \\ 3 & 3 & 4 & 9 \\ & 1 & 4 & 3 \end{array} \tag{4.1}$$

$$\begin{aligned}(6×8×9)\%7 &= [(2\%7)×(3\%7)×(1\%7)×(4\%7)×(3\%7)]\%7 \\ &= (2×3×1×4×3)\%7 \\ &= 72\%7 = 2\end{aligned} \tag{4.2}$$

$1+2=3$,三人下次在超市相遇是周三。

【**例 4-3**】 今天是星期六,请问再过 2010 天是星期几?再过 2010^{2010} 天是星期几?再过 2012^{2012} 天是星期几?

(1) $2010\%7=1$,故再过 2010 天是星期日。

(2) 因为幂的余数等于余数的幂,所以 2010^{2010} 除以 7 的余数与 1^{2010} 除以 7 的余数相同,因此 2010^{2010} 除以 7 的余数为 1,所求为星期日。

(3) 根据幂的余数等于余数的幂进行计算。$a^b \% p = (a \% p)^b \% p$,对于 $a \% p \neq 1$ 的情况,需要转化为 1 的情况,再进行处理。

2012 除以 7 余 3,所以 2012^{2012} 除以 7 的余数与 3^{2012} 除以 7 的余数相同。又因为 $3^2 = 9$,$9\%7 = 2$,所以 $3^{2012} = 3^{2 \times 1006} = 9^{1006}$,可以推得 $9^{1006}\%7 = (9\%7)^{1006}\%7 = 2^{1006}\%7$。进一步换算,$2^{1006} = 2 \times 2^{1005} = 2 \times 2^{3 \times 335} = 2 \times 8^{335}$,所以 $(2 \times 8^{335})\%7 = [(2\%7) \times (8^{335}\%7)]\%7 = \{2 \times [(8\%7)^{335}\%7]\}\%7 = 2$,最终余数为 $(6+2)\%7 = 1$,所以所求为星期一。

4.1.2 最大公约数

设存在整数 n 和 $m(m \neq 0)$,且 n 和 m 之间存在整除关系,即 $m \mid n$,称 n 为 m 的倍数,m 为 n 的约数、因数或因子。n 和 m 的最大公约数记为 $\gcd(m,n) = \{\max(g): g \mid m$ 且 $g \mid n\}$,是能够整除 n 和 m 的公共约数中的最大值。

可以通过因数分解求解最大公约数。对于简单的数值,可以通过观察直接计算,如 $\gcd(30,18) = 6$。对于若干个整数的最大公约数则可通过短除法来求得,如求解 12、20、36 和 132 的最大公约数,计算过程如式(4.3)所示。

$$
\begin{array}{r|rrrr}
2 & 12 & 20 & 36 & 132 \\
2 & 6 & 10 & 18 & 66 \\
\hline
 & 3 & 5 & 9 & 22
\end{array}
\tag{4.3}
$$

因此,$\gcd(12,20,36,132) = 2 \times 2 = 4$。

4.1.3 欧几里得算法

当待分解的数值较大或者因子较多时,直接观察法和因数分解法就明显力不从心,如求解 1160718174 和 316258250 的最大公约数时,

$$
\begin{cases}
1160718174 = 2 \times 3 \times 3 \times 3 \times 3 \times 3 \times 3 \times 7 \times 7 \times 7 \times 11 \times 211 \\
316258250 = 2 \times 5 \times 5 \times 5 \times 7 \times 7 \times 11 \times 2347
\end{cases}
\tag{4.4}
$$

二者的最大公约数为 $\gcd(1160718174, 316258250) = 2 \times 7 \times 7 \times 11 = 1078$。

因此,常常使用欧几里得算法求解最大公约数。欧几里得算法又称辗转相除法,最早见于欧几里得的著作《几何原本》。辗转相除求最大公约数的思想在中国可追溯到东汉出现的《九章算术》,"可半者半之,不可半者,副置分母、子之数,以少减多,更相减损,求其等也。以等数约之。"其中,"等数"就是最大公约数,"更相减损"法就是辗转相除法。欧几里得最大公约数算法在现代数论、现代密码学、计算机科学,甚至音乐等许多领域都有应用。

欧几里得算法的描述:对于给定的两个整数 n 和 m,用 r 表示两者间的余数。设整数 n 和 m 可以表示为 $n = q \times m + r$,令 $r_{-1} = n$,$r_1 = m$,通过公式 $r_{i-1} = q_{i+1} \times r_i + r_{i+1}$,$i = 0, 1, 2, \cdots$ 不断迭代求两者的商和余数,直到某次余数 $r_{n+1} = 0$ 时为止,最后一个非 0 余数 r_n 即为 n 和 m 的最大公约数。式(4.5)给出了 r_n 为 n 和 m 的最大公约数的推算过程。

$$\begin{cases} r_{-1} = q_1 \times r_0 + r_1 \\ r_0 = q_2 \times r_1 + r_2 \\ r_1 = q_3 \times r_2 + r_3 \\ r_2 = q_4 \times r_3 + r_4 \\ \quad \vdots \\ r_{n-3} = q_{n-1} \times r_{n-2} + r_{n-1} \\ r_{n-2} = q_n \times r_{n-1} + r_n \\ r_{n-1} = q_{n+1} \times r_n + r_{n+1} (r_{n+1} = 0) \end{cases} \tag{4.5}$$

当 $r_{n+1} = 0$ 时,r_n 为 n 和 m 的最大公约数,即 $\gcd(n, m) = r_n$,分析过程如式(4.6)所示。

$$\begin{cases} r_{n-1} = q_{n+1} \times r_n \Rightarrow r_n \mid r_{n-1} \\ r_{n-2} = q_n \times r_{n-1} + r_n = q_n \times (q_{n+1} \times r_n) + r_n = r_n \times (q_n \times q_{n+1} + 1) \Rightarrow r_n \mid r_{n-2} \\ r_{n-3} = q_{n-1} \times r_{n-2} + r_{n-1} = q_{n-1} \times r_n \times (q_n \times q_{n+1} + 1) + q_{n+1} \times r_n \\ \quad = r_n \times (q_{n-1} + q_{n-1} \times q_n \times q_{n+1} + q_{n+1}) \Rightarrow r_n \mid r_{n-2} \\ \quad \vdots \end{cases}$$

(4.6)

可以一直推导至 $r_n \mid r_1, r_n \mid r_0, r_n \mid r_{-1}$。

关于 r_n 为什么为 n 和 m 的最大公约数可以通过反证法来证明。设 d 为 n 和 m 的最大公约数,则 $d \mid n$ 且 $d \mid m$,根据 $n = q_1 \times m + r_1$ 可知 $d \mid r_1$。由式 $r_{i-1} = q_{i+1} \times r_i + r_{i+1}$,可知 d 整除推导过程的各个余数,因此 $d \mid r_n$,所以 d 为 r_n 的因子,因此 d 不是 n 和 m 的最大公约数,与已知矛盾。

实现代码如下。

程序清单 4-1　ex4_1gcd.c

```
1   #define _CRT_SECURE_NO_WARNINGS
2   #include<stdio.h>
3   #include<stdlib.h>
4   int greatest_common_divisor(int n,int m)
5   {
6       int r;
7       while(m !=0)
8       {
9           r = n % m;
10          n = m;
11          m = r;
12      }
13      return n;
14  }
15  int main()
16  {
17      int n, m, gcd;
18      scanf("%d %d",&n, &m);
```

```
19      gcd = greatest_common_divisor(n, m);
20      printf("%d 和%d 的最大公约数为%d\n", n, m, gcd);
21      system("pause");
22      return 0;
23  }
```

4.2 素数问题

一直以来，很多人都存在理解的误区，以为素数是纯数学问题。其实不然，素数在许多领域都有广泛应用。旋转机每个轮片上销的数目是素数，这样轮片的所有可能组合都能出现一次。汽车变速箱齿轮数也设计为素数，从而可以减少故障，使变速箱更耐用。一些生物也以素数为生命周期，如北美的周期蝉就以 7 年、13 年或 17 年为周期化蛹，以利于种群躲避天敌和杀虫剂，农业上也有杀虫剂在素数次更合理的证明。在文学和艺术领域，素数也有重要影响，法国作曲家 Olivier Messiaen 使用长度为不同素数的基调，创造出不可预测节奏的无节拍音乐；美国天文学家、科幻作家 Carl Edward Sagan 在他的科幻小说 *Contact* 中认为素数可作为与外星人沟通的方式之一，意大利作家 Paolo Giordano 所著的小说 *The Solitude of Prime Numbers* 用素数来比喻寂寞与孤独，*Cube*、*Sneakers*、*The Mirror Has Two Faces*、*A Beautiful Mind* 等电影均有关于素数的使用。

素数在计算机相关领域的应用最为广泛，伪随机数生成算法以素数为基础，RSA 等加密算法均以大素数为基础，数据结构中散列算法也以素数作为散列因子等。

4.2.1 素数的概念

大于 1 的自然数 n，只有 1 和 n 两个因子，则称 n 为素数，也称质数。对于大于 1 的自然数 n 而言，若其不为素数，则称为合数。1 既不是素数也不是合数。

4.2.2 素数相关的定理

素数的整除性：设 p 为素数，且 p 可以整除 mn，即 $p|mn$，则 $p|m$ 或 $p|n$（抑或 $p|m$ 且 $p|n$）。推广到若干个乘积 $a_1a_2...a_k$，该结论依然适用。

素数的算术基本定理：假定 n 为整数且 $n \geq 2$，则 n 可被唯一分解为若干个素数的乘积，即 $n=p_1p_2...p_k$。

无穷多素数定理：存在无穷多个素数。欧几里得证明的思路：假定素数为有穷个，则可列出这些素数表，找到不在表中的素数，并将之加入表中，即证明素数有无穷多个。

哥德巴赫猜想：设 n 为偶数且 $n \geq 4$（也可以表述为大于 2 的偶数），则 n 可表示为两个素数之和。例如，$10=3+7, 18=7+11, 64=5+59, \cdots$ 哥德巴赫猜想有许多版本，描述中给出的是现代数学描述的版本。1742 年，哥德巴赫在写给欧拉的信（见图 4-3）中提出了"任一大于 2 的整数都可以写成三个质数之和"的猜想（当时遵循"1 也是素数"的约定）。因此，哥德巴赫原初猜想可以表述为"任一大于 5 的整数都可写成三个质数之和"。欧拉在给哥德巴赫的回信中给出了猜想的等价版本"任一大于 2 的偶数都可写成两个质数之和",欧拉版本也称为"关于偶数的哥德巴赫猜想"。从欧拉版本可以推出"任一大于5的奇数都可写成三个素数之和",此版本也称"关于奇数的哥德巴赫猜想"。

图 4-3 哥德巴赫信件的手稿

孪生素数猜想：存在无穷多个素数 p 满足 $p+2$ 也是素数，例如 $(3,5),(5,7)\cdots(269,271)\cdots$。

N^2+1 猜想：存在无穷多个素数 p 满足 $p=N^2+1$。若 N 是偶数，则 N^2+1 通常是素数（N 为奇数，则 N^2+1 为偶数）。例如，$5=2^2+1$，$17=4^2+1$，$\cdots$，$677=26^2+1$，$\cdots$。

梅森素数：若 2^p-1 为素数（p 为素数），则称 p 为梅森素数。1644 年，法国数学家马兰·梅森断言 $p \leqslant 257$ 时，2^p-1 是素数。梅森弄错了 5 个数，误含了两个（$p=67$ 和 $p=257$ 时不为素数），遗漏了 3 个（$p=61$，$p=89$ 和 $p=107$ 时为素数）。

完全数：若 2^p-1 是素数，则 $2^{p-1}(2^p-1)$ 称为完全数。

4.2.3　筛选法求素数

对于给定整数 n，判断其是否为素数有许多方法。这些方法中，有的简单有的复杂，有的普通有的高效，不一而同，主要有以下几类判定方法。

1. 朴素的素数判定方法

最朴素的素数判定方法就是从素数的定义出发，当然这也是相当暴力的做法，效率是最低的。根据素数的定义，对于给定的整数 n，若 n 只有 1 和 n 两个因子，则 n 为素数。换言之，$2 \sim n-1$ 中任何一个数都不是整数 n 的因子。因此，只需将 $2 \sim n-1$ 内的各个整数逐个与 n 进行测试，若某个整数为 n 的因子则直接判定 n 不是素数。因为算法十分简单，这里不给出具体实现。

通过对整除中除数和商的对称性推论可知，只需从 $2 \sim n/2$ 逐个与 n 进行测试，若某个整数为 n 的因子则直接判定 n 不是素数。

进一步,可以假定 n 不是素数,由素数的算术基本定理可知 n 必定可以被某个素数 p 整除,则必有 $p \leqslant \sqrt{n}$。假设 p 是可以整除 n 的最小素数(素数的算术基本定理),则 n 可表示为 $n = pm, m \geqslant p$,可以推得 $n = pm \geqslant p^2$,故 $p \leqslant \sqrt{n}$。因此,只需从 $2 \sim \sqrt{n}$ 逐个与 n 进行测试,若存在 n 的因子则直接判定 n 不是素数。

2. 埃拉托色尼筛法

埃拉托色尼筛法是古希腊数学家埃拉托色尼提出的快速素数筛选算法,是求解所有小素数最有效的方法之一,通常用于小数据量时的全部素数筛选。

用埃拉托色尼算法求 N 以内素数的基本思想:将 $2 \sim N$ 置入列表中(可以是一维数组),将 2 圈上,划去列表中所有 2 的倍数;然后,使用列表中第一个未被圈上且未被划去的数重复这一过程,直到所有数处理完毕时终止,最后所有被圈的数即为 N 以内的待求素数。下面以求 100 以内所有素数为例说明埃拉托色尼算法。

将 $2 \sim N$ 置入列表中,圈上 2,划去所有 2 的倍数,如图 4-4 所示。接下来,未被圈上且未被划去的第一个数是 3,圈上 3,再划去所有 3 的倍数,如图 4-5 所示。然后,找到符合条件的第一个数是 5,圈上 5,划去 5 的所有倍数,如图 4-6 所示。继续处理,第一个符合条件的数为 7,圈上 7,划去所有 7 的倍数,如图 4-7 所示。不断重复算法的处理过程,分别对 11,13,17,19,23,29,31,37,41,43,47,53,59,61,67,71,73,79,83,89 和 97 进行处理。最终表中被圈之数为 2,3,5,7,11,13,17,19,23,29,31,37,41,43,47,53,59,61,67,71,73,79,83,89,97,即为 100 以内的所有素数,如图 4-8 所示。

图 4-4 素数 2 及其倍数的处理

算法实现基本思路:定义两个辅助数组 not_primes[] 和 primes[]。not_primes[] 是整型数组,用于表示对应的数值是否为素数,primes[] 为整型数组,用于存储获得的素数。not_primes[] 数组下标从 0 开始,元素值为 1 表示该数为合数,元素值为 0 表示该数为质数。初始化时,假定所有数(含 0 和 1)均为素数;接下来,将 0 和 1 置为非素数;然后利用埃拉托色尼筛法划去所有倍数,同时保存筛选出的素数并计数;最终输出结果信息。

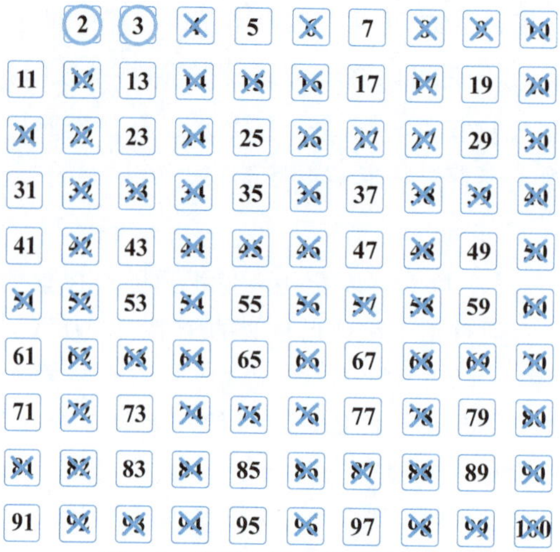

图 4-5　素数 3 及其倍数的处理

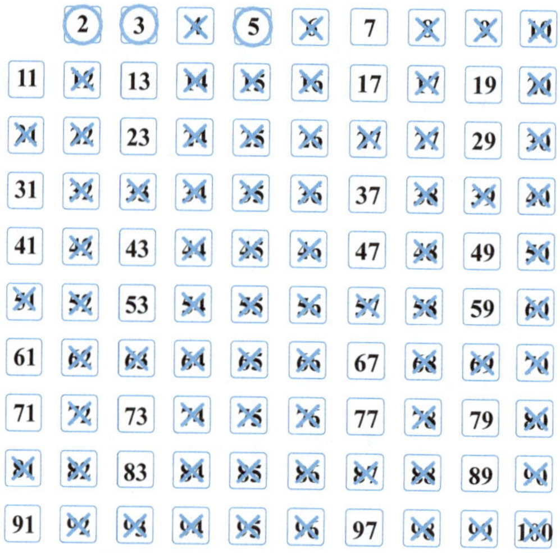

图 4-6　素数 5 及其倍数的处理

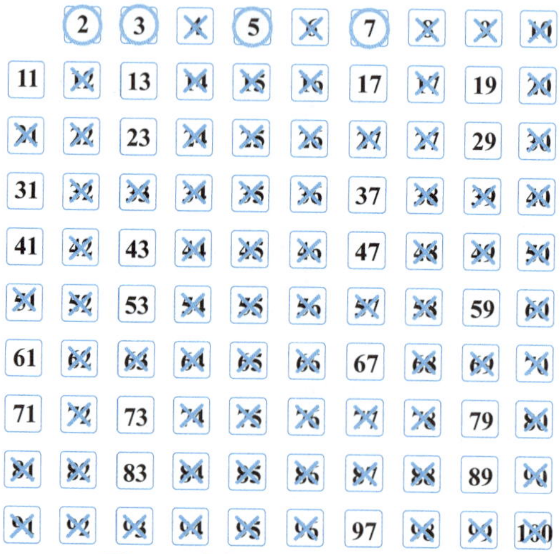

图 4-7　素数 7 及其倍数的处理

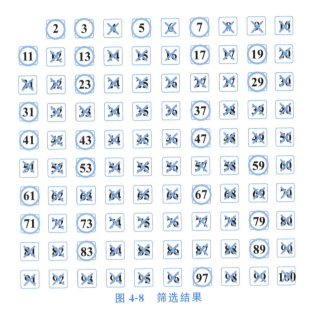

图 4-8　筛选结果

实现代码如下。

程序清单 4-2　ex4_2_1screeningPrimes.c

```
  #define _CRT_SECURE_NO_WARNINGS
1 #include<stdio.h>
2 #include<stdlib.h>
3 #define MAX_RECORDS 120
4 int main()
5 {
6     int not_primes[MAX_RECORDS +1];
7     int primes[MAX_RECORDS +1];
8     int i, j, cnt =0, n, rows =0;
9     for(i =0; i <= MAX_RECORDS; i++)
10        not_primes[i]=0;
11    printf("请输入埃拉托色尼筛法求素数的上限值\n");
12    scanf("%d",&n);
13    not_primes[0]= not_primes[1]=1;//排除0和1
14    for(i =2; i <= n;++i)
15    {
16        if(!not_primes[i])
17        {
18            primes[cnt++]= i;//保存素数并计数
19            for(j =2 * i; j <= n; j += i)
20                not_primes[j]=1;//划掉倍数
21        }
22    }
23    printf("%d 以内的所有素数共有%d 个,分别为: \n",n,cnt);
24    for(i =0; i < cnt; i++)
25    {
```

69

```
26          printf("%4d ",primes[i]);
27          rows++;
28          if(10== rows)
29          {
30              rows =0;
31              printf("\n");
32          }
33      }
34      system("pause");
35      return 0;
36 }
```

3. 欧拉筛法

从埃拉托色尼筛法求解区间素数的过程可以看出,该算法还存在一定提升空间。算法在执行过程中,有些元素会被重复筛选,如 $i=2$ 时,4、6、8、10…100 被筛掉,当 $i=3$ 时,6、12、18,…,96 等 2 和 3 的公倍数又被筛了一遍,从而导致效率下降,改进之处就是保证每个非素数只能被它的最小质因子筛掉 1 次。

欧拉筛法是线性筛选法,算法实现的基本思路与埃拉托色尼筛法一致。欧拉筛法最关键之处是利用素数的算术基本定理构造待筛选的合数,将素数 p 的倍数 $2\times p, 3\times p, \cdots$,$p\times p$ 筛选掉,即去掉 p^2 以内 p 的倍数就能保证每个合数都只被它的最小质因子筛选 1 次。

设合数 $n=p\times F_{max}$,其中 p 为 n 的最小素因子,F_{max} 为 n 的最大因子。因此,当 $n\leqslant N$ 时,生成的合数 n 就在列表中,需要被划掉;若 p 为 F_{max} 的因子,则 F_{max} 可表示为 $F_{max}=k\times p$,此时 $n=p\times F_{max}=p\times(k\times p)$,令 $k=1$ 有 $n=p\times F_{max}=p\times p=p^2$,即 n 被最小素因子 p 整除 2 次,应当停止。

实现代码如下。

程序清单 4-3   ex4_2_2EulerPrimes.c
```
1  #define _CRT_SECURE_NO_WARNINGS
2  #include<stdio.h>
3  #include<stdlib.h>
4  #define MAX_RECORDS 120
5  int main()
6  {
7      int not_primes[MAX_RECORDS +1];
8      int primes[MAX_RECORDS +1];
9      int i, j, cnt =0, n, rows =0;
10     for(i =0; i <= MAX_RECORDS; i++)
11         not_primes[i]=0;
12     printf("请输入欧拉筛法求素数的上限值\n");
13     scanf("%d",&n);
14     not_primes[0]= not_primes[1]=1;//排除 0 和 1
15     for(i =2; i <= n;++i)
16     {
```

```
17          if(!not_primes[i])//保存素数
18              primes[cnt++]= i;
19          //构建 i * primes[j](最大因子 * 最小素因子)构成的合数
20          //若 primes[j]为 i 的因子,i * primes[j]就包含了 2 个 primes[j]
21          for(j =0; j < cnt && i * primes[j]<= n; j++)
22          {
23              not_primes[i * primes[j]]=1;
24              if(i % primes[j]==0)
25                  break;
26          }
27      }
28      printf("%d 以内的所有素数共有%d 个,分别为: \n", n, cnt);
29      for(i =0; i < cnt; i++)
30      {
31          printf("%4d ",primes[i]);
32          rows++;
33          if(10== rows)
34          {
35              rows =0;
36              printf("\n");
37          }
38      }
39      system("pause");
40      return 0;
41  }
```

程序清单 4-3 中包含以下几个关键点。

(1) 保存已经求得的素数到 primes[]数组中,如第 17 和第 18 行所示。primes[]数组是实现欧拉筛法的基础。根据素数的算术基本定理"任何大于 2 的整数都可以被分解为若干个素数的乘积",处理数值 k 时,可以利用 k 和已保存素数列表中的各素数构成需要被筛掉的合数,如 $k=3$、素数列表元素为{2,3}时,构成的合数分别为 $3 \times 2 = 6$ 和 $3 \times 3 = 9$。

(2) 当待处理的数值为 k 时,只筛选掉 k^2 以内的倍数,如第 21~26 行所示。当 k 为素数时,k 与 primes[]数组中不大于 k 的素数相乘,构成 k^2 以内素数 k 的倍数。当 k 遇到其自身时,构成的倍数为 k^2,第 24 行中的 if 语句会命中,会执行第 25 行的 break 语句跳出内层 for 循环。当 k 为合数时,其必定是 primes[]数组中某个素数的倍数,此时也将命中第 24 行中的 if 语句从而跳出内层 for 循环。例如,当 $k=5$ 时,primes[]数组中保存的素数分别为 2,3 和 5,将构成 5 的倍数 $5 \times 2, 5 \times 3$ 和 5×5,在内层 for 循环中执行第 23 行代码将筛选掉这些倍数;当 $k=6$ 时,primes[]数组中保存的素数分别为 2,3 和 5,因为 6 是 2 的倍数,因此将只筛选掉 6 的第一个倍数 6×2,而 6 的第 2 个倍数 18 将会在 $k=9$ 时被筛选掉。图 4-9 给出了使用欧拉筛法求解 100 以内素数时,当前元素为 2~6 的执行过程分析。

i	j	cnt	primes[]	primes[j]	i*primes[j]	i%primes[j]
2	0	1	2	2	2*2=4	真
3	0	2	2,3	2	3*2=6	假
	1			3	3*3=9	真
4	0	2	2,3	2	4*2=8	真
5	0	3	2,3,5	2	5*2=10	假
	1			3	5*3=15	假
	2			5	5*5=25	真
6	0	3	2,3,5	2	6*2=12	真

图 4-9 欧拉筛法求解 100 以内素数时元素为 2～6 的分析过程

当输入数据为 100 时，运行结果如下。

```
100
100以内的所有素数共有25个，分别为：
2    3    5    7    11   13   17   19   23   29
31   37   41   43   47   53   59   61   67   71
73   79   83   89   97   请按任意键继续. . .
```

4. 打表法求区间素数

使用打表法求给定区间 $[m,n]$ 的所有素数的基本思想：利用筛选法获得区间 $[0,m]$ 内的素数并将之存储于素数表 pt[] 中，获得的素数可以作为最小素数因子继续用于求区间 $[m,n]$ 内的素数。

将求区间素数的代码重构为 prime_table() 函数，包括 4 个参数：pt[] 为存储素数的一维数组；指针变量 counts 为输出参数，用于保存已经求得素数的个数；start 表示区间的起点；end 表示区间的终点。在 prime_table() 函数中，变量 flag 是当前元素是否为素数的标志。

函数处理过程基于合数一定存在最小素因子这一基础。对于区间内的每个数值（可以进一步去除偶数进行优化），其最小素因子一定不大于其平方根。因此，从已经保存的素数列表中搜索当前待判定值 i 是否存在素因子，素因子 k 判定范围是 $2 \sim \sqrt{i}$（为了消除开方运算，将条件修改为 $k \times k \leqslant i$）。若 i 存在素因子则其必为合数，置非素数标志后跳出；若 i 不存在任何素因子，则 i 为素数，需要将素数个数加 1，同时保存至素数列表 pt[] 中。

要判定 $[m,n]$ 内的素数，必定需要用到区间 $[0,m]$ 内的素数。因此，主函数中将求解过程分为三部分：第一步求解区间 $[0,m]$ 内的素数保存到素数列表 pt[] 中并计数；第二步继续计算区间 $[m,n]$ 内的素数，同样保存并计数，两次计数之差即为 $[m,n]$ 内素数的个数；第三步输出计算结果。

实现代码如下。

程序清单 4-4　ex4_2_3tablePrimes.c

```
1    #define _CRT_SECURE_NO_WARNINGS
2    #include<stdio.h>
```

```c
3   #include<stdlib.h>
4   #define MAX_RECORDS 1000              //最大可存储数量
5   void prime_table(int primes[],int * counts,int start,int end)
6   {
7       int i, j, flag;                   //素数标志
8       for(i = start; i <= end; i++)
9       {
10          flag =1;
11          for(j=0;primes[j]!=-1&& primes[j]*primes[j]<=i;j++)
12          {
13              if(i % primes[j]==0)
14              {
15                  flag =0;
16                  break;
17              }
18          }
19          if(flag)
20          {
21              primes[ * counts]= i;
22              ( * counts)++;
23          }
24      }
25  }
26  int main()
27  {
28      int start, pt[MAX_RECORDS];        //保存素数的数组
29      int i, cnt =0, m, n, rows =0;      //换行
30      for(i =0; i < MAX_RECORDS; i++)
31          pt[i]=-1;
32      pt[0]=2;                           //第一个素数
33      cnt =1;                            //素数计数
34      scanf("%d%d",&m,&n);               //区间起止
35      //先计算出不大于m的素数,保存到素数表
36      prime_table(pt,&cnt,3, m);
37      start = cnt;
38      prime_table(pt,&cnt, m +1, n);
39      printf("[%d,%d]之间共有%d个素数: \n", m, n,(cnt - start));
40      for(i = start; i < cnt; i++)
41      {
42          printf("%4d ",pt[i]);
43          rows = (rows +1)%10;
44          if(rows ==0)
45              printf("\n");
46      }
47      printf("\n");
48      system("pause");
49      return 0;
50  }
```

当输入数据为 100,200 时,运行结果如下。

```
100 200
区间[100,200]之间共有21个素数:
 101  103  107  109  113  127  131  137  139  149
 151  157  163  167  173  179  181  191  193  197
 199
```

4.3 同余问题

模数算术是数论的重要组成部分,也是研究整数问题的重要工具。模数算术在计算机科学、密码学、化学、视觉及音乐等领域都有广泛应用,在群论、环论和抽象代数中也有广泛应用。《孙子算经》中提出的物不知数问题:"有物不知其数,三三数之剩二,五五数之剩三,七七数之剩二。问物几何?"明朝程大位在《算法统宗》有歌谣:"远看巍巍塔七层,红光点点倍加增,共灯三百八十一,请问尖头几盏灯?"还有韩信点兵问题等,都是生活中应用模数算术的例子。

4.3.1 同余及其性质

设 a 和 b 为整数,若对于给定的正整数 m,有 $m|(a-b)$,则称 a 和 b 模 m 同余,可推得 $a=km+b$。同余关系也可以表述为若 a 和 b 除以正整数 m 所得的余数 r 相等,则称 a 和 b 模 m 同余。使用 $\equiv$ 符号表示同余关系,a 和 b 模 m 同余可表示为 $a \equiv b (\bmod\ m)$。数学家高斯最早引入同余的概念,并使用 $\equiv$ 符号表示同余关系。式(4.7)给出了一些同余的示例。

$$\begin{cases} 5 \mid (9-4) \Rightarrow 9 \equiv 4(\bmod\ 5) \\ 6 \mid (47-35) \Rightarrow 47 \equiv 35(\bmod\ 6) \\ 197 \mid (1966-193) \Rightarrow 1966 \equiv 193(\bmod\ 197) \end{cases} \tag{4.7}$$

同余是一种等价关系,具有反身性、对称性、传递性、可加/减性、可乘性、限定除性等性质。

1. 整除性

若 $a \equiv b(\bmod\ m)$,则存在 $k \in \mathbb{Z}$ 使得 $a=km+b$,即 a 和 b 的差为 m 的倍数。例如,$9 \equiv -16(\bmod\ 5)$,则存在整数 $k=5$,使得 $9=k \times 5-16=5 \times 5-16=9$。

2. 自反性

$a \equiv a(\bmod\ m)$,即 a 与其自身同余,这是显而易见的。

3. 对称性

$a \equiv b(\bmod\ m) \Rightarrow b \equiv a(\bmod\ m)$,即 a 和 b 模 m 同余等价于 b 和 a 模 m 同余。例如,$9 \equiv -16(\bmod\ 5)$,同样 $-16 \equiv 9(\bmod\ 5)$,即存在 $k=-5$ 使 $-16=-5 \times 5+9$。

4. 传递性

$a \equiv b(\bmod\ m)$ 并且 $b \equiv c(\bmod\ m)$,则 $a \equiv c(\bmod\ m)$。

5. 可加/减性

$a \equiv b(\bmod\ m)$ 并且 $c \equiv d(\bmod\ m)$,则 $a \pm c \equiv b \pm d(\bmod\ m)$。

6. 可乘性

$a \equiv b \pmod{m}$ 并且 $c \equiv d \pmod{m}$，则 $ac \equiv bd \pmod{m}$。

7. 限定除性

(1) $ad \equiv bd \pmod{m} \Rightarrow a \equiv b \pmod{m}$，当且仅当 $\gcd(d, m) = 1$。同余的除法是有限定的，只有 a 和 b 的因子 d 与模 m 互素时，才能得到 $a \equiv b \pmod{m}$。

(2) 同余的限定除性也可以表述为 $ad \equiv bd \pmod{md} \Rightarrow a \equiv b \pmod{m}$，$d \neq 0$。

(3) 由(1)和(2)可得，$ad \equiv bd \pmod{m} \Rightarrow a \equiv b \left(\mod \dfrac{m}{\gcd(d, m)}\right)$。

(4) 同理可得，$a \equiv b \pmod{m}$ 并且 $a \equiv b \pmod{n}$，则 $a \equiv b \pmod{\mathrm{lcm}(m, n)}$。例如，$a \equiv b \pmod{12}$ 并且 $a \equiv b \pmod{18}$，则 $a \equiv b \pmod{36}$。

(5) 特殊情形，$a \equiv b \pmod{mn}$ 时，$a \equiv b \pmod{m}$ 并且 $a \equiv b \pmod{n}$ 成立，当且仅当 $\gcd(m, n) = 1$。例如，因为 $\gcd(25, 4) = 1$，当 $a \equiv b \pmod{100}$ 时可推得 $a \equiv b \pmod{25}$ 并且 $a \equiv b \pmod{4}$ 成立。

4.3.2 线性同余

计算机中经常需要产生随机数，最常用的就是伪随机数生成算法。所谓随机，就是指生成的数字应该是等概率出现的，符合均匀分布。产生均匀随机数常使用线性同余法，具有容易实现，生成速度快等优点。在密码学领域中，同余方程组具有重要的作用。各个领域内的广泛应用促进了同余方程组理论的快速发展，如今同余方程组求解已经成为数学和密码学领域中的研究热点。

1. 线性同余方程

设整数 a、b 和 $m(m>0)$，有 $m \mid (a-b)$，则称 a 和 b 模 m 同余，记为 $a \equiv b \pmod{m}$。将未知数 x 加入同余式中，形如 $ax \equiv b \pmod{m}$ 的同余式称为一元线性同余方程。

对于一元线性同余方程 $ax \equiv b \pmod{m}$，设 $\gcd(a, m) = g$，若 $g \nmid b$ 则方程 $ax \equiv b \pmod{m}$ 无解；若 $g \mid b$，则方程 $ax \equiv b \pmod{m}$ 恰好有 g 个模 m 不同余的解。令 x_0 为特解，则 $x = x_0 + k(m/g)$，$k = 0, 1, 2, \cdots, g-1$ 可以表示方程的所有解。

【例 4-4】 求 $12x \equiv 20 \pmod{28}$ 的所有解。$\gcd(12, 28) = 4$，因此方程有 4 个解。通过观察可以发现(也可以提前阅读一点"扩展欧几里得算法"进行求解)$x_0 = 4$ 是方程的一个特解，因此方程的所有解可表示为 $x = 4 + k \times 7$，$k = 0, 1, 2, 3$，解的值为 $\{4, 11, 18, 25\}$。

$9x \equiv 12 \pmod{15}$ 的所有解分别为 $\{8, 13, 18\}$ 或 $\{8, 13, 3\}$ ($18 \equiv 3 \pmod{15}$)。

2. 扩展欧几里得算法

通过观察法求解线性同余方程的方法通常很难奏效，在实际求解过程中往往使用扩展欧几里得算法求解。可将线性同余方程 $ax \equiv b \pmod{m}$ 转换为 $ax - my = b$ 来求解。

在阐述扩展欧几里得算法之前，首先介绍贝祖定理。贝祖定理，也称裴蜀定理，得名于法国数学家 Étienne Bézout，是关于最大公约数的定理。设 g 为 n 和 m 的最大公约数，对于未知变量 x 和 y 的线性不定方程(也称线性丢番图方程或贝祖等式)：$nx + my = C$，当且仅当 C 为 g 的整数倍时有整数解。

若未知变量 x 和 y 的线性不定方程有解则必然有无穷多个解，每组符合条件的解 x_i 和 y_i 均称为贝祖数。可通过扩展欧几里得算法来求得线性不定方程的一组解，再通过扩展该解得到方程的每个解。

已知 n 和 m，扩展欧几里得算法在计算 n 和 m 最大公约数的过程中，找到未知变量 x 和 y 的一组初值，使之满足线性不定方程 $nx+my=\gcd(n,m)$。

扩展欧几里得算法是欧几里得算法的扩展，在利用欧几里得算法计算最大公约数的过程中，通过将原线性不定方程 $nx+my=\gcd(n,m)$ 变换为 $n=qm+r$ 的形式，进一步改写为以余数为主的等式 $r=n-q\times m$，在推算过程中求得 n 和 m 的系数，最终获得线性不定方程的解。下面通过如式(4.8)所示的推理过程说明扩展欧几里得算法寻找线性不定方程的一组解的过程。

$$\begin{cases} n=q_1\times m+r_1 & | \ r_1=n-q_1\times m \\ m=q_2\times r_1+r_2 & | \ r_2=m-q_2\times r_1 \\ & | \quad\quad =m-q_2\times(n-q_1\times m) \\ & | \quad\quad =-q_2\times n+(1-q_1)\times m \\ r_1=q_3\times r_2+r_3 & | \ r_3=r_1-q_3\times r_2 \\ & | \quad\quad =(n-q_1\times m)-q_3\times(-q_2\times n+(1-q_1)\times m) \\ & | \quad\quad =(1+q_1\times q_3)\times n-(q_1+q_3+q_1\times q_2\times q_3)\times m \\ \vdots & | \ \vdots \end{cases} \quad (4.8)$$

当左侧计算到最后一个非 0 余数时就得到了 n 和 m 的最大公约数，此时右侧 n 和 m 前的系数（可能为负值）就是线性不定方程 $nx+my=\gcd(n,m)$ 的一组初解 (x_0, y_0)。该线性不定方程的其他解可根据式(4.9)获得：

$$\begin{cases} x=x_0+k\times\dfrac{m}{g} \\ y=y_0-k\times\dfrac{n}{g} \end{cases}, \quad k\in \mathbf{Z}, g=\gcd(n,m) \quad (4.9)$$

利用欧几里得算法计算获得最大公约数时，从获得的公约数的基础值 x_k 和 y_k 向回推算求解未知变量 x_0 和 y_0 值的形式化的描述如下。

对于线性不定方程 $xn+ym=\gcd(n,m)$，当 $m=0$ 时，取 $x'=1$ 和 $y'=0$；若 $m\neq 0$ 则令 $r=n \bmod m$，同时完成替换 $r\Leftarrow m, m\Leftarrow n$，并重复这一过程计算 x_i 和 y_i，使得式 $x_i m+y_i r=\gcd(m,r)$ 成立。$r=n \bmod m=n-\lfloor n/m \rfloor m$，并且 $\gcd(m,r)=\gcd(n,m)$，将 $x_i m+y_i r=\gcd(m,r)$ 改写为对 n 和 m 的依赖，如式(4.10)所示。

$$\begin{aligned} x_i m+y_i r &= x_i m+y_i(n-\lfloor n/m \rfloor m) \\ &=(x_i-\lfloor n/m \rfloor y_i)m+y_i n \\ &=y_i n+(x_i-\lfloor n/m \rfloor y_i)m \end{aligned} \quad (4.10)$$

令 $x_{i-1}=y_i, y_{i-1}=x_i-\lfloor n/m \rfloor y_i$，则 x_{i-1} 和 y_{i-1} 即为所求解。在实际计算过程中，往往分为两步进行计算：①利用欧几里得算法求解最大公约数，求解过程中保存未知量 x 和 y 的变换系数；②当 $y_k=0$ 时，利用公式 $x_{i-1}=y_i, y_{i-1}=x_i-\lfloor n/m \rfloor y_i$ 向回推算至 x_0 和 y_0，得到线性不定方程的解。下面通过几个实例来分析扩展欧几里得算法的计算过程。

(1) n 和 m 互素时的计算实例。

$421x+111y=1$，其中 $n=421, m=111, \gcd(421,111)=1$，计算过程如下。

$$421x_0+111y_0=\gcd(421,111)=1$$

$$111x_1+88y_1=421y_1+111\left(x_1-\left\lfloor\frac{421}{111}\right\rfloor y_1\right)=421y_1+111(x_1-3y_1)=1$$

$$88x_2+23y_2=111y_2+88\left(x_2-\left\lfloor\frac{111}{88}\right\rfloor y_2\right)=111y_2+88(x_2-y_2)=1$$

$$23x_3+19y_3=88y_3+23\left(x_3-\left\lfloor\frac{88}{23}\right\rfloor y_3\right)=88y_3+23(x_3-3y_3)=1$$

$$19x_4+4y_4=23y_4+19\left(x_4-\left\lfloor\frac{23}{19}\right\rfloor y_4\right)=23y_4+19(x_4-y_4)=1$$

$$4x_5+3y_5=19y_5+4\left(x_5-\left\lfloor\frac{19}{4}\right\rfloor y_5\right)=19y_5+4(x_5-4y_5)=1$$

$$3x_6+1y_6=4y_6+3\left(x_6-\left\lfloor\frac{4}{3}\right\rfloor y_6\right)=4y_6+3(x_6-y_6)=1$$

$$1x_7+3y_7=3y_7+1\left(x_7-\left\lfloor\frac{3}{1}\right\rfloor y_7\right)=3y_7+1(x_7-3y_7)=x_7=1$$

至此，已经获得 $\begin{cases}x_7=1\\y_7=0\end{cases}$，由此值使用公式 $\begin{cases}x_{i-1}=y_i\\y_{i-1}=x_i-\lfloor n/m\rfloor y_i\end{cases}$ 回推，过程如下。

$$\begin{cases}x_7=1\\y_7=0\end{cases}\Rightarrow\begin{cases}x_6=y_7=0\\y_6=x_7-\left\lfloor\frac{3}{1}\right\rfloor y_7=x_7-3y_7=x_7=1\end{cases}$$

$$\begin{cases}x_5=y_6=1\\y_5=x_6-\left\lfloor\frac{4}{3}\right\rfloor y_6=x_6-y_6=-1\end{cases}\Rightarrow\begin{cases}x_4=y_5=-1\\y_4=x_5-\left\lfloor\frac{19}{4}\right\rfloor y_5=x_5-4y_5=5\end{cases}$$

$$\begin{cases}x_3=y_4=5\\y_3=x_4-\left\lfloor\frac{23}{19}\right\rfloor y_4=x_4-y_4=-6\end{cases}\Rightarrow\begin{cases}x_2=y_3=-6\\y_2=x_3-\left\lfloor\frac{88}{23}\right\rfloor y_3=x_3-3y_3=23\end{cases}$$

$$\begin{cases}x_1=y_2=23\\y_1=x_2-\left\lfloor\frac{111}{88}\right\rfloor y_2=x_2-y_2=-29\end{cases}\Rightarrow\begin{cases}x_0=y_1=-29\\y_0=x_1-\left\lfloor\frac{421}{111}\right\rfloor y_1=x_1-3y_1=110\end{cases}$$

$$421\times(-29)+111\times(110)=1$$

因此，线性不定方程 $421x+111y=1$ 的解为 $(x_0+k\times111, y_0-k\times421)$，其中 k 为任意整数。

(2) n 和 m 非互素时的计算实例。

$22x+60y=2$，其中 $n=22, m=60, \gcd(22,60)=2$。当 n 和 m 非互素时计算过程与互素时计算过程相同，计算该线性不定方程解的过程如下。

$$22x_0+60y_0=\gcd(22,60)=2$$

$$60x_1 + 22y_1 = 22y_1 + 60\left(x_1 - \left\lfloor \frac{22}{60} \right\rfloor y_1\right) = 22y_1 + 60x_1 = 2$$

$$22x_2 + 16y_2 = 60y_2 + 22\left(x_2 - \left\lfloor \frac{60}{22} \right\rfloor y_2\right) = 60y_2 + 22(x_2 - 2y_2) = 2$$

$$16x_3 + 6y_3 = 22y_3 + 16\left(x_3 - \left\lfloor \frac{22}{16} \right\rfloor y_3\right) = 22y_3 + 16(x_3 - y_3) = 2$$

$$6x_4 + 4y_4 = 16y_4 + 6\left(x_4 - \left\lfloor \frac{16}{6} \right\rfloor y_4\right) = 16y_4 + 6(x_4 - 2y_4) = 2$$

$$4x_5 + 2y_5 = 6y_5 + 4\left(x_5 - \left\lfloor \frac{6}{4} \right\rfloor y_5\right) = 6y_5 + 4(x_5 - y_5) = 2$$

$$2x_6 + 0y_6 = 4y_6 + 2\left(x_6 - \left\lfloor \frac{4}{2} \right\rfloor y_6\right) = 4y_6 + 2(x_6 - 2y_6) = 2$$

至此,已经获得 $\begin{cases} x_6 = 1 \\ y_6 = 0 \end{cases}$,由此使用公式 $\begin{cases} x_{i-1} = y_i \\ y_{i-1} = x_i - \lfloor n/m \rfloor y_i \end{cases}$ 向回推算,过程如下。

$$\begin{cases} x_6 = 1 \\ y_6 = 0 \end{cases} \Rightarrow \begin{cases} x_5 = y_6 = 0 \\ y_5 = x_6 - 2y_6 = 1 \end{cases}$$

$$\begin{cases} x_4 = y_5 = 1 \\ y_4 = x_5 - y_5 = -1 \end{cases} \Rightarrow \begin{cases} x_3 = y_4 = -1 \\ y_3 = x_4 - 2y_4 = 3 \end{cases}$$

$$\begin{cases} x_2 = y_3 = 3 \\ y_2 = x_3 - y_3 = -4 \end{cases} \Rightarrow \begin{cases} x_1 = y_2 = -4 \\ y_1 = x_2 - 2y_2 = 11 \end{cases}$$

$$\begin{cases} x_0 = y_1 = 11 \\ y_0 = x_1 - 0y_1 = -4 \end{cases} \Rightarrow 22 \times (11) + 60 \times (-4) = 2$$

因此,线性不定方程 $22x + 60y = 2$ 的解为 $(x_0 + k \times 30, y_0 - k \times 11)$,其中 k 为任意整数。

(3) 扩展欧几里得算法的实现。

实现代码如下。

程序清单 4-5 ex4_3_1extendedGCD.c

```
1   #define _CRT_SECURE_NO_WARNINGS
2   #include<stdio.h>
3   #include<stdlib.h>
4   //扩展欧几里得算法的递归实现
5   int extend_GCD_recursive(int n,int m,int * x,int * y)
6   {
7       int r, t;
8       if(m==0)//当 m 为 0 时,最大公约数为 n,到达出口
9       {
10          * x =1;
11          * y =0;
12          return n;
13      }
14      r = extend_GCD_recursive(m, n % m, x, y);
```

```c
15          t = * y;
16          * y = * x - (n / m) * (* y);
17          * x = t;
18          return r;
19  }
20  //扩展欧几里得算法的非递归实现
21  int extend_GCD(int n,int m,int * x,int * y)
22  {
23      int xi_1, yi_1, xi_2, yi_2;              //4个辅助变量
24      int r, q;
25      xi_2 =1, yi_2 =0;
26      xi_1 =0, yi_1 =1;
27      * x =0, * y =1;
28
29      r = n % m;
30      q = n / m;
31      while(r !=0)
32      {
33          * x = xi_2 - q * xi_1;
34          * y = yi_2 - q * yi_1;
35          xi_2 = xi_1;
36          yi_2 = yi_1;
37          xi_1 = * x;
38          yi_1 = * y;
39          n = m;
40          m = r;
41          r = n % m;
42          q = n / m;
43      }
44      return m;                                //最大公约数
45  }
46  int main()
47  {
48      int n, m, x, y, gcd;
49      scanf("%d%d",&n,&m);//252,198
50      //gcd = extend_GCD_recursive(n, m, &x, &y);
51      gcd = extend_GCD(n, m,&x,&y);
52      printf("%d 和%d 的最大公约数为：%d\n", n, m, gcd);
53      printf("%dx + %dy = %d 的一个整数解为: \n", n, m, gcd);
54      printf("x = %d, y = %d \n",x,y);
55      system("pause");
56      return 0;
57  }
```

当输入数据为252,198时,运行结果如下。

```
252 198
252和198的最大公约数为：18
252x+198y=18的一个整数解为:
x=4 y=-5
请按任意键继续...
```

(4) 青蛙的约会。

青蛙 A 和青蛙 B 是表兄弟，由于相隔太远，它们从未见过面。它们一直在网上交流，聊得很开心。假期到了，它们决定见一面。通过地图发现，它们居然住在同一条纬度线上，于是约定各自朝西跳，直到碰面为止。

两只青蛙出发之前忘记了一件很重要的事情，它们既没有问清楚对方的特征，也没有约定见面的具体位置。不过青蛙们非常乐观，觉得只要一直朝着某个方向坚定不移地跳下去，总能碰到对方。但是我们知道，这两只青蛙只有在同一时间跳到同一点上才可能碰面。

为了帮助这两只乐观的青蛙，需要写一段代码来判断这两只青蛙是否能够碰面及在何时碰面。规定纬度线上东经 0 度处为原点，由东向西为正方向，单位长度 1 米，纬度线构成一条首尾相接的数轴。设青蛙 A 的出发点坐标是 x，青蛙 B 的出发点坐标是 y。纬度线总长 L 米，青蛙 A 一次能跳 m 米，青蛙 B 一次能跳 n 米，两只青蛙跳一次花费的时间相同。

根据题意分析可知，两青蛙只有在跳了若干圈后同时落在同一点上才能相遇。因此，可得两只青蛙相遇方程为 $(x+ms)-(y+ns)=tL$，其中 m, n, x, y, L 为输入量，s（次数）和 t（圈数）为待求解的未知量。变换方程，可得 $(n-m)s+Lt=x-y$。

令 $a=n-m, b=L, d=x-y$，则方程的等价形式为 $as+bt=d$。

因此，本题就是求解未知量 s 的最小整数解。设 s_0 和 t_0 是利用欧几里得算法求解的一组解，令 $g=\gcd(a,b)$，则有 $as_0+bt_0=g$。

由假设 $g=\gcd(a,b)$，可知 $a*(d/g)$、$b*(d/g)$ 均为整数，故 d/g 必须为整数，否则无解。式 $g=\gcd(a,b)$ 两边都乘以 d/g，得 $a*s_0(d/g)+b*t_0(d/g)=d$。所以 $s_0(d/g)$ 是最小整数解，但其可能为负数。又因为 $a*(s_0(d/g)+bk)+b*(t_0(d/g)-ak)=d$，$k$ 为自然数，所以解为 $(s_0*(d/g)\%b+b)\%b$。

实现代码如下。

程序清单 4-6 ex4_3_2frogs.c

```
1   #define _CRT_SECURE_NO_WARNINGS
2   #include<stdio.h>
3   #include<stdlib.h>
4   void extend_GCD(int a,int b,int* x,int* y,int* g)
5   {
6       long tmp;
7       if(!b)
8       {
9           *x =1; *y =0; *g = a;
10      }
11      else
12      {
13          extend_GCD(b, a % b, x, y, g);
14          tmp = *x; *x = *y;
15          *y = tmp - a / b * (*y);
16      }
17  }
```

```
18   int main()
19   {
20       int s, t, g;                    //扩展欧几里得算法求解的变量
21       int a, b, d, x, y, m, n, L;
22       int flag = 0;                   //除不尽的标志,为 1 表除不尽
23       //1 2 3 4 5
24       scanf("%d %d %d %d %d", &x, &y, &m, &n, &L);
25       if(m == n)
26           flag = 1;
27       else
28       {
29           a = n - m;   b = L;   d = x - y;
30           extend_GCD(a, b, &s, &t, &g);
31           if(d % g)                   //除不尽则无解
32               flag = 1;
33       }
34       if(flag)
35           printf("Impossible\n");
36       else
37       {
38           b /= g;      d /= g;
39           printf("%d\n", ((s * d) % b + b) % b);
40       }
41       system("pause");
42       return 0;
43   }
```

当输入数据为 1,2,3,4,5 时,运行结果如下。

```
1 2 3 4 5
4
请按任意键继续. . .
```

3. 快速幂余

幂余运算是指对于整数 a、b 和 c,求 a 的 b 次幂和 m 的余数,即存在正整数 m 使得 $a^b \% m = c$,其中 $0 \leq c < m$,如当 $a = 7, b = 3, m = 13$ 时,$7^3 \% 13 = 343 \% 13 = 5 \Rightarrow c = 5$。当 $b < 0$ 时,可使用扩展欧几里得算法通过求逆元的方式求解,本书不做赘述。

(1) 朴素的幂余计算方法。

计算幂余最直接、最朴素的方法就是从定义出发,直接进行暴力计算。例如,$a = 4$,$b = 13, m = 269$ 时,$c = a^b \% m = 4^{13} \% 269 = 67108864 \% 269 = 89$。当 $a = 4 \times 10^{71}, b = 13$,$m = 17$ 时,a 的值有 43 位,虽然 b 只有 2 位,但 a^b 已经达到 556 位,计算结果为 $c = 13$。由此可见,通过暴力方法直接计算幂余,计算量大、效率极其低下,而且还会导致溢出等诸多问题。

(2) 根据模的运算规律加速幂余计算。

根据模的乘法和幂的运算规律,$(a \times b) \% p = [(a \% p) \times (b \% p)] \% p$ 和 $a^b \% p = (a \% p)^b \% p$,可以降低运算的存储规模,使得运算过程不会溢出,表 4-1 给出了加速幂余计算的示例。

表 4-1 加速幂余的计算过程

b	计算过程 $c=a^b \% m=(a \% m * (a^{b-1})) \% m$	c	b	计算过程 $c=a^b \% m=(a \% m * (a^{b-1})) \% m$	c
1	$c=(1*4) \% 269=4 \% 269=4$	4	8	$c=(244*4) \% 269=976 \% 269=169$	169
2	$c=(4*4) \% 269=16 \% 269=16$	16	9	$c=(169*4) \% 269=676 \% 269=138$	138
3	$c=(16*4) \% 269=64 \% 269=64$	64	10	$c=(138*4) \% 269=552 \% 269=14$	14
4	$c=(64*4) \% 269=256 \% 269=256$	256	11	$c=(14*4) \% 269=56 \% 269=56$	56
5	$c=(256*4) \% 269=1024 \% 269=217$	217	12	$c=(56*4) \% 269=224 \% 269=224$	224
6	$c=(217*4) \% 269=868 \% 269=61$	61	13	$c=(224*4) \% 269=896 \% 269=89$	89
7	$c=(61*4) \% 269=244 \% 269=244$	244			

实现代码如下。

程序清单 4-7　ex4_3_3quickPower.c

```
1   #define _CRT_SECURE_NO_WARNINGS
2   #include<stdio.h>
3   #include<stdlib.h>
4   //快速幂 a^b % m
5   long long power_mode(int a,int b,int m)
6   {
7       int i, res =1;
8       for(i =1; i <= b; i++)
9       {
10          res = res * a % m;
11      }
12      return res;
13  }
14  int main()
15  {
16      int a, b, m;
17      long long pm =0;
18      scanf("%d%d%d", &a, &b, &m);
19      pm = power_mode(a, b, m);
20      printf("%d^%d %% %d = %lld\n", a, b, m, pm);
21      system("pause");
22      return 0;
23  }
```

当输入为 4,13,269 时,运行结果如下。

```
4 13 269
89
请按任意键继续. . .
```

（3）指数二进展开快速幂余算法。

与前两种方法相比,指数二进展开快速幂余算法综合了前两种方法的优点,只需要较少的处理步骤,而且减少了内存空间的占用。指数二进展开快速幂余算法最核心的思想是将幂余运算中的指数展开成二进制形式,再利用二进制编码中位的信息实现幂的快速乘法。

设幂数为 b,将 b 展开为二进制形式,如式(4.11)所示。

$$b = 2^n \times b_n + 2^{n-1} \times b_{n-1} + \cdots + 2^i \times b_i + \cdots + 2^1 \times b_1 + 2^0 \times b_0 \quad (4.11)$$

其中 $0 \leq i \leq n$, $b = 0$ 或 $b = 1$。

此时,a^b 就可以表示为式(4.12)。

$$a^b = a^{2^n b_n + 2^{n-1} b_{n-1} + \cdots + 2^i b_i + \cdots + 2^1 b_1 + 2^0 b_0} = a^{2^n b_n} \times a^{2^{n-1} b_{n-1}} \times \cdots \times a^{2^1 b_1} \times a^{2^0 b_0}$$

$$= \prod_{i=0}^{n} a^{2^i b_i} \quad (4.12)$$

当 $b_i = 0$ 时,$a^{2^i b_i} = 1$,只需考虑 $b_i = 1$ 的情况。根据指数运算规律 $(a^{2^{i-1}})^2 = a^{2^i}$ 和模的乘法运算规律 $(a \times b)\%m = [(a\%m) \times b]\%m$,可以逐渐递推求出所有 a^{2^i}。

用 R 表示计算结果,x 保存迭代过程中的 a^{2^i},$b = 13$ 的二进制可表示为 1101,从右向左取分别为 1,0,1,1 各项的变化规律如表 4-2 所示(括号内为实际值)。

表 4-2 $b = 13$ 时二进展开快速幂余的计算过程

	b_i		
初始化		$R \leftarrow 1 (a^0)$	$x \leftarrow a$
计算	1	$R \leftarrow R \cdot x (a^1)$	$x \leftarrow x^2 (a^2)$
	0		$x \leftarrow x^2 (a^4)$
	1	$R \leftarrow R \cdot x (a^5)$	$x \leftarrow x^2 (a^8)$
	1	$R \leftarrow R \cdot x (a^{13})$	

表 4-3 给出了 $a = 4, b = 13, m = 269$ 时的处理过程。

表 4-3 指数二进展开快速幂余的计算示例

	b_i	$R \leftarrow 1$	$x \leftarrow a = 4$
初始			
计算	1	$R \leftarrow R \cdot x = 1 \times 4 \% 269 = 4$	$x \leftarrow x^2 = 4 \times 4 \% 269 = 16$
	0		$x \leftarrow x^2 = 16 \times 16 \% 269 = 256$
	1	$R \leftarrow R \cdot x = 4 \times 256 \% 269 = 217$	$x \leftarrow x^2 = 256 \times 256 \% 269 = 169$
	1	$R \leftarrow R \cdot x = 217 \times 169 \% 269 = 89$	

循环从右向左取 b 的二进制各位时,不必转换为二进制再进行计算。因为,数值在计算机内本就以二进制补码形式存放,所以只需要将各位不断取出,测试其值是否为 1。例如 $b = 13$ 时,其二进制编码为 1101,右侧最低位为 1,所以必为奇数,与 2 取余值不为 0,计算完毕之后需要将该位的 1 去掉,$b = 12$;当前位处理完毕之后,应该取下一位,根据上面的分析过程,b 需要除以 2,此时 $b = 6$,依此类推,直至 b 为 0 时结束。二进制编码的变化过程为 1101⇒1100⇒110⇒11⇒10⇒1⇒0。

实现代码如下。

程序清单4-8 ex4_3_4binaryQuickPower.c

```c
1    #define _CRT_SECURE_NO_WARNINGS
2    #include<stdio.h>
3    #include<stdlib.h>
4    long quick_power(int a,int b,int m)
5    {
6        long res =1, base = a;
7        //取b的二进制位:若b的最低位为1则b为奇数,%2不为0
8        //b除以2相当于将其二进制位右移1位
9        while(b !=0)
10       {
11           if(b %2!=0)
12           {
13               res = res * base % m;
14               b -=1;          //计算当前位后需要将之去掉
15           }
16           base = base * base % m;
17           b = b /2;
18       }
19       return res;
20   }
21   int main()
22   {
23       int a, b, m;
24       long long pm;
25       //4 13 269-->89
26       scanf("%d %d %d",&a,&b,&m);
27       pm = quick_power(a, b, m);
28       printf("%d^%d %% %d = %lld\n", a, b, m, pm);
29       system("pause");
30       return 0;
31   }
```

当输入为4,13,269时,运行结果如下。

```
4 13 269
89
请按任意键继续. . .
```

4. 矩阵快速幂余

矩阵在人类生产和生活相关的各个领域都有广泛应用,例如生产管理中的成本计算,城市人口流动,物理、化学实验过程中状态变化,密码学中的加密和解密,文献管理,机器学习中的分析方法(PCA、奇异值分解等),生态学中的种群统计,深度学习中的高维数据表示,图像处理和机器视觉中的变换分析等。

若读者已经学习过程序设计中的二维数组,但尚未学习过线性代数,可以将矩阵简化理解为二维数组,即由若干行和若干列数据构成的二维网格(网格的大小、网格数据之间的含义与具体问题相关)。表示矩阵时,将所有数据排成若干行,每行若干列,然后使用方括号括起来,矩阵通常表示为如式(4.13)所示形式。

$$\begin{bmatrix} a_{11} & a_{12} & \cdots & a_{1n} \\ a_{21} & a_{22} & \cdots & a_{2n} \\ a_{31} & a_{32} & \cdots & a_{3n} \\ \vdots & \vdots & & \vdots \\ a_{m1} & a_{m2} & \cdots & a_{mn} \end{bmatrix} \qquad (4.13)$$

与矩阵相关的运算很多,此处只介绍较为常用的矩阵加/减法、数乘、转置和乘法,其他相关的运算在与线性代数有关的书籍中都有详细描述。

(1) 矩阵的加/减法。

两矩阵进行加、减运算时,必须具有相同的行数和列数(也称具有相同的维度),运算时两矩阵相对应位置的元素相加/减,式(4.14)和式(4.15)给出了矩阵运算 $C = A + B$ 的运算过程。

$$A = \begin{bmatrix} a_{11} & a_{12} & \cdots & a_{1n} \\ a_{21} & a_{22} & \cdots & a_{2n} \\ a_{31} & a_{32} & \cdots & a_{3n} \\ \vdots & \vdots & & \vdots \\ a_{m1} & a_{m2} & \cdots & a_{mn} \end{bmatrix} \quad B = \begin{bmatrix} b_{11} & b_{12} & \cdots & b_{1n} \\ b_{21} & b_{22} & \cdots & b_{2n} \\ b_{31} & b_{32} & \cdots & b_{3n} \\ \vdots & \vdots & & \vdots \\ b_{m1} & b_{m2} & \cdots & b_{mn} \end{bmatrix} \qquad (4.14)$$

$$C = \begin{bmatrix} c_{11} & c_{12} & \cdots & c_{1n} \\ c_{21} & c_{22} & \cdots & c_{2n} \\ c_{31} & c_{32} & \cdots & c_{3n} \\ \vdots & \vdots & & \vdots \\ c_{m1} & c_{m2} & \cdots & c_{mn} \end{bmatrix} = \begin{bmatrix} a_{11}+b_{11} & a_{12}+b_{12} & \cdots & a_{1n}+b_{1n} \\ a_{21}+b_{21} & a_{22}+b_{22} & \cdots & a_{2n}+b_{2n} \\ a_{31}+b_{31} & a_{32}+b_{32} & \cdots & a_{3n}+b_{3n} \\ \vdots & \vdots & & \vdots \\ a_{m1}+b_{m1} & a_{m2}+b_{m2} & \cdots & a_{mn}+b_{mn} \end{bmatrix} \qquad (4.15)$$

(2) 矩阵的数乘。

矩阵数乘运算的处理规则是将系数 k 分别与矩阵的每个元素相乘的积作为相应位置的元素值,矩阵大小保持不变,如式(4.16)所示。

$$kA = k \begin{bmatrix} a_{11} & a_{12} & \cdots & a_{1n} \\ a_{21} & a_{22} & \cdots & a_{2n} \\ a_{31} & a_{32} & \cdots & a_{3n} \\ \vdots & \vdots & & \vdots \\ a_{m1} & a_{m2} & \cdots & a_{mn} \end{bmatrix} = \begin{bmatrix} ka_{11} & ka_{12} & \cdots & ka_{1n} \\ ka_{21} & ka_{22} & \cdots & ka_{2n} \\ ka_{31} & ka_{32} & \cdots & ka_{3n} \\ \vdots & \vdots & & \vdots \\ ka_{m1} & ka_{m2} & \cdots & ka_{mn} \end{bmatrix} \qquad (4.16)$$

(3) 矩阵的转置。

矩阵的转置运算是将矩阵的行、列互换,原来行元素转置后变为列元素,原列元素转置后变为行元素,通常在矩阵的右上角用字母 T 表示转置运算,即 $A_{m \times n}^{T} = A_{n \times m}$,如式(4.17)所示。

$$A_{m \times n}^{T} = \begin{bmatrix} a_{11} & a_{12} & \cdots & a_{1n} \\ a_{21} & a_{22} & \cdots & a_{2n} \\ a_{31} & a_{32} & \cdots & a_{3n} \\ \vdots & \vdots & & \vdots \\ a_{m1} & a_{m2} & \cdots & a_{mn} \end{bmatrix}^{T} = \begin{bmatrix} a_{11} & a_{21} & \cdots & a_{m1} \\ a_{12} & a_{22} & \cdots & a_{m2} \\ a_{13} & a_{23} & \cdots & a_{m3} \\ \vdots & \vdots & & \vdots \\ a_{1n} & a_{2n} & \cdots & a_{mn} \end{bmatrix} = A_{n \times m} \qquad (4.17)$$

（4）矩阵的乘法。

矩阵是求解线性方程的重要工具，与线性方程密不可分，可以使用矩阵表示线性方程组。线性方程组是由关于若干变量的方程构成，每个方程占一行，代表了一个与变量相关的等价关系，不同的方程列出了关于变量的不同等价关系。若一个方程可以通过某种方式表示为另外一个方程，则它们是相同的等价关系，利用互不相同的等价关系才可以通过矩阵运算获得线性方程组的解，求得各个变量的值（特解或通解）。

将方程组中各个变量的系数按行提取后存入系数矩阵 $\boldsymbol{A}$，将变量提取后按列存入变量矩阵 $\boldsymbol{X}$（每行都包含变量，纵向看，按列取），然后将等号右侧的常数项（也称齐次项）按列存入矩阵 $\boldsymbol{B}$，即 $\boldsymbol{AX} = \boldsymbol{B}$，如式（4.18）所示。

$$\begin{cases} x + y = 10 \\ 2x + 5y = 32 \end{cases} \Rightarrow \begin{pmatrix} 1 & 1 \\ 2 & 5 \end{pmatrix} \begin{pmatrix} x \\ y \end{pmatrix} = \begin{pmatrix} 10 \\ 32 \end{pmatrix} \quad (4.18)$$

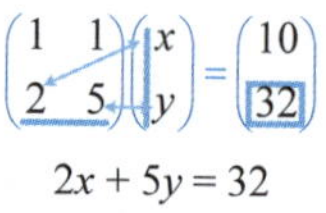

图 4-10 矩阵乘法构成线性方程的示意图

通过观察以矩阵形式表示的线性方程组，就可以获得矩阵乘法的基本处理规则。线性方程组中，任一个方程均是由系数矩阵 $\boldsymbol{A}$、变量矩阵 $\boldsymbol{X}$ 和常数矩阵 $\boldsymbol{B}$ 中的一部分元素组合而成。第 k 个线性方程由系数矩阵 $\boldsymbol{A}$ 的第 k 行与变量矩阵 $\boldsymbol{B}$ 的第 j 列对应元素相乘后再相加构成（也称线性组合），如图 4-10 所示。

从图 4-10 中可以看出，系数矩阵 $\boldsymbol{A}$ 中行元素的个数必须与变量矩阵 $\boldsymbol{B}$ 的列元素个数相同，如式（4.19）所示。

$$\boldsymbol{A}_{m \times s} = (a_{ik})_{m \times s} = \begin{bmatrix} a_{11} & a_{12} & \cdots & a_{1s} \\ a_{21} & a_{22} & \cdots & a_{2s} \\ a_{31} & a_{32} & \cdots & a_{3s} \\ \vdots & \vdots & & \vdots \\ a_{m1} & a_{m2} & \cdots & a_{ms} \end{bmatrix} \quad \boldsymbol{B}_{s \times n} = (b_{kj})_{s \times n} = \begin{bmatrix} b_{11} & b_{12} & \cdots & b_{1n} \\ b_{21} & b_{22} & \cdots & b_{2n} \\ b_{31} & b_{32} & \cdots & b_{3n} \\ \vdots & \vdots & & \vdots \\ b_{s1} & b_{s2} & \cdots & b_{sn} \end{bmatrix}$$

$$(4.19)$$

积矩阵 $\boldsymbol{C}_{m \times n} = \boldsymbol{A}_{m \times s} \boldsymbol{B}_{s \times n}$，矩阵相乘的运算规则如式（4.20）所示。

$$\boldsymbol{C}_{m \times n} = \boldsymbol{A}_{m \times s} \boldsymbol{B}_{s \times n} = (c_{ij})_{m \times n} = \begin{bmatrix} c_{11} & c_{12} & \cdots & c_{1n} \\ c_{21} & c_{22} & \cdots & c_{2n} \\ c_{31} & c_{32} & \cdots & c_{3n} \\ \vdots & \vdots & & \vdots \\ c_{m1} & c_{m2} & \cdots & c_{mn} \end{bmatrix}_{m \times n} \quad (4.20)$$

其中，$c_{ij} = a_{i1}b_{1j} + a_{i2}b_{2j} + \cdots + a_{is}b_{sj} = \sum_{k=1}^{s} a_{ik}b_{kj}$ $(1 \leqslant i \leqslant m, 1 \leqslant j \leqslant n)$。用矩阵运算的形式表示更为清晰，如式（4.21）所示。

$$c_{ij}_{1 \leqslant i \leqslant m, 1 \leqslant j \leqslant n} = (a_{i1} \ a_{i2} \ \cdots \ a_{is}) \begin{pmatrix} b_{1j} \\ b_{2j} \\ \vdots \\ b_{sj} \end{pmatrix} = a_{i1}b_{1j} + a_{i2}b_{2j} + \cdots + a_{is}b_{sj} = \sum_{k=1}^{s} a_{ik}b_{kj} \quad (4.21)$$

假设矩阵 **A** 和 **B** 如式(4.22)所示。

$$\boldsymbol{A}_{2\times 3}=\begin{bmatrix} 3 & 1 & 2 \\ -2 & 0 & 5 \end{bmatrix} \quad \boldsymbol{B}_{3\times 2}=\begin{bmatrix} -1 & 3 \\ 0 & 5 \\ 3 & 5 \end{bmatrix} \tag{4.22}$$

矩阵 **A** 和 **B** 相乘结果如式(4.23)所示。

$$\boldsymbol{C}_{2\times 2}=\boldsymbol{A}_{2\times 3}\times \boldsymbol{B}_{3\times 2}=\begin{bmatrix} 3\times(-1)+1\times 0+2\times 3 & 3\times 3+1\times 5+2\times 5 \\ -2\times(-1)+0\times 0+5\times 3 & -2\times 3+0\times 5+5\times 5 \end{bmatrix}$$

$$=\begin{bmatrix} 3 & 24 \\ 17 & 19 \end{bmatrix} \tag{4.23}$$

矩阵乘法通常不满足交换律,这一点读者可以自行验证。矩阵乘法通常用于表示某种变换,若干矩阵连续相乘则表示一系列变换的组合。例如,在计算机图形图像处理中,通常使用矩阵来表示对图像进行的仿射变换(包括平移、旋转、缩放、反射等操作),如图 4-11 所示。

图 4-11　图像的仿射变换

(5) 矩阵的快速幂余。

矩阵快速幂余与普通快速幂余的工作原理一致,只是底数为矩阵形式,本质上就是矩阵相乘与快速幂余的结合。为了实现矩阵的快速幂余,需要完成矩阵乘法,同时将快速幂余中底数换为矩阵。

矩阵快速幂余计算时,要求矩阵为方阵。可以直接使用二维数组代表方阵,为了表示方便,本文将之封装为一个结构体(参考 6.1 节)。因为参与快速幂余计算的矩阵为方阵,所以对矩阵乘法函数 matrix_mul()作简化,直接按方阵进行处理。矩阵乘法函数需要 4 个参数,分别是参与乘法的矩阵 **A** 和 **B**,方阵的行数 count(行数与列数相同)和模 m。在进行方阵乘法时,利用模 p 加法运算规则 $c_{ij}\%m=(a_{i1}b_{1j}\%m+\cdots+a_{is}b_{sj}\%m)\%m$ 进行快速计算。

方阵快速幂余乘法只是对快速幂余的底数进行了替换,元素相乘时需要调用方阵乘法函数 matrix_mul(),其他原理不变。

实现代码如下。

程序清单 4-9　ex4_3_5matrixQuickPower.c

```
1  #define _CRT_SECURE_NO_WARNINGS
2  #include<stdio.h>
3  #include<stdlib.h>
4  #define MAX_RECORDS 10          //方阵最大为 10 阶
```

```c
5   struct Matrix
6   {
7       int data[MAX_RECORDS][MAX_RECORDS];
8   };
9   struct Matrix matrix_mul(struct Matrix A, struct Matrix B, int count, int m)
10  {
11      int i, j, k;
12      struct Matrix C;
13      for(i =1; i <= count; i++)
14      {
15          for(j =1; j <= count; j++)
16          {
17              C.data[i][j]=0;         //结果矩阵元素初始化为 0
18              for(k =1; k <= count; k++)
19                  C.data[i][j]+=(A.data[i][k] * B.data[k][j]) % m;
20              C.data[i][j]%= m;
21          }
22      }
23      return C;
24  }
25  //矩阵快速幂余算法
26  struct Matrix matrix_quick_power(struct Matrix A, int count, int m, int power)
27  {
28      struct Matrix ret, temp = A;
29      int i;
30      memset(ret.data, 0, sizeof(ret.data));
31      for(i =1; i <= count; i++)
32          ret.data[i][i]=1;
33      while(power >0)
34      {
35          if(power %2==1)
36          {
37              ret = matrix_mul(ret, temp, count, m);
38              power--;
39          }
40          power /=2;
41          temp = matrix_mul(temp, temp, count, m);
42      }
43      return ret;
44  }
45  //3(阶) 13(模) 15(幂)
46  //1 0 0   0 1 0   3 1 2   ==>   1 0 0   0 1 0   8 7 8
47  //3(阶) 12(模) 15(幂)
48  //1 0 2   0 1 0   3 1 2   ==>   1 8 2   0 1 0   3 1 2
49  int main()
50  {
51      struct Matrix A, res;
52      int i, j, rows, m, p;
```

```
53      scanf("%d%d%d",&rows,&m,&p);
54      for(i =1; i <= rows; i++)
55          for(j =1; j <= rows; j++)
56              scanf("%d",&A.data[i][j]);
57      res = matrix_quick_power(A, rows, m, p);
58      for(i =1; i <= rows; i++)
59      {
60          for(j =1; j <= rows; j++)
61              printf("%d ", res.data[i][j]);
62          printf("\n");
63      }
64      system("pause");
65      return 0;
66  }
```

当 A 为 3×3 的方阵时,取幂为 15,模为 13 时,求解结果如式(4.24)所示,运行结果如下。

$$A_{3\times3}^{15} \% 13 = \begin{bmatrix} 1 & 0 & 0 \\ 0 & 1 & 0 \\ 3 & 1 & 2 \end{bmatrix}^{15} \% 13 = \begin{bmatrix} 1 & 0 & 0 \\ 0 & 1 & 0 \\ 8 & 7 & 8 \end{bmatrix} \tag{4.24}$$

```
3 12 15
1 0 2
0 1 0
3 1 2
-------------
1 8 2
0 1 0
3 1 2
请按任意键继续. . .
```

5. 中国剩余定理

中国剩余定理是数论中的一个重要定理,主要用于求解一元线性同余方程组。中国剩余定理给出了一元线性同余方程组有解的判定条件及求解方法。

(1) 模逆元。

模逆元也称模倒数,可以表示为式(4.25)所示形式。

$$a^{-1} \equiv x \pmod{m} \text{ 或 } ax \equiv 1 \pmod{m} \tag{4.25}$$

当且仅当 a 和 m 互素,即 $\gcd(a,m)=1$ 时,模逆元的最小正整数解 x 存在,且 $x < m$。可以使用扩展欧几里得算法来求解模逆元,例如 $x \equiv 35^{-1} \pmod{3}$ 改写为 $35x \equiv 1 \pmod{3}$。

在正整数范围内,可以找到满足该等式的最小正整数解 $x=2$。所以,35 对 3 的同余模逆元为 2。同理,可求得 21 对 5 的模逆元为 1,15 对 7 的模逆元也为 1。

(2) 中国剩余定理。

假定正整数 $m_1,m_2,\cdots,m_n$ 两两互素,对于如式(4.26)所示的一元线性同余方程组 S:

$$S = \begin{cases} x \equiv a_1 \pmod{m_1} \\ x \equiv a_2 \pmod{m_2} \\ \vdots \\ x \equiv a_n \pmod{m_n} \end{cases} \quad (4.26)$$

有模 $M = m_1 \times m_2 \times \cdots \times m_n$ 的唯一解。

对于任意整数 $a_1, a_2, \cdots, a_n$,S 所有解的集合可表示为 $x = kM + \sum_{i=1}^{n} a_i t_i M_i$,其中 $M = m_1 \times m_2 \times \cdots \times m_n$,$M_i = M/m_i$,$t_i$ 为 M_i 模 m_i 的模逆元。

【例4-5】 通过中国剩余定理求解物不知数问题:"有物不知其数,三三数之余二,五五数之余三,十一十一数之余五。问物几何?"根据题目描述,一元线性同余方程组 S 如式(4.27)所示。

$$S = \begin{cases} x \equiv 2 \pmod{3} \\ x \equiv 3 \pmod{5} \\ x \equiv 5 \pmod{11} \end{cases} \quad (4.27)$$

其中,$m_1 = 3, m_2 = 5, m_3 = 11$,计算得 $M = m_1 \times m_2 \times m_3 = 165$ 和 $M_1 = 55$、$M_2 = 33$、$M_3 = 15$,相应各模逆元分别为 $t_1 = 1, t_2 = 2, t_3 = 3$。$S$ 所有解的集合可表示为 $x = kM + \sum_{i=1}^{n} a_i t_i M_i = k \times 165 + 533, k \in \mathbb{Z}$,$a_1 = 2, a_2 = 3, a_3 = 5$,在模165的意义下,$S$ 的最小正整数解为 $x = \left(\sum_{i=1}^{n} a_i t_i M_i\right) \% M = 533 \% 165 = 38$。

实现代码如下。

程序清单4-10　ex4_3_6ChineseRemainder.c

```c
#define _CRT_SECURE_NO_WARNINGS
#include<stdio.h>
#include<stdlib.h>
#define MAX_RECORDS 100
//快速幂 a^b % m
int quick_multiply(int a, int b, int m)
{
    int res = 0;
    while(b > 0)
    {
        if(b %2 != 0)
        {
            res = (res + a) % m;
            b--;
        }
        a = (a + a) % m;
        b /= 2;
    }
    return res;
}
```

```c
21  //扩展欧几里得算法：ax+by=gcd(a,b)
22  int extend_GCD(int n,int m,int* x,int* y)
23  {
24      int r, t;
25      if(m ==0)                           //当m为0时,最大公约数为n,到达出口,返回
26      {
27          *x =1; *y =0;
28          return n;
29      }
30      r = extend_GCD(m, n % m, x, y);
31      t = *y;
32      *y = *x - (n / m) * (*y);           //2的情况
33      *x = t;
34      return r;
35  }
36  //中国剩余定理：a[]余数;b[]模;count 方程数
37  int Chinese_remainder(int a[],int b[],int count)
38  {
39      int ans =0, M =1;                   //各模对应的最小公倍数
40      int x, y;                           //扩展欧几里得算法求模的逆元x
41      int i, Mi;
42      for(i =1; i <= count; i++)
43          M *= b[i];
44      for(i =1; i <= count; i++)
45      {
46          Mi = M / b[i];
47          extend_GCD(Mi, b[i], &x, &y);
48          x = (x % b[i]+ b[i])% b[i];     //模逆元x要为最小非负整数解
49          ans = (ans + Mi * x * a[i])% M;
50      }
51      return (ans + M)% M;
52  }
53  int main()
54  {
55      //余数和模
56      int remainders[MAX_RECORDS], modes[MAX_RECORDS];
57      int i, count;                       //方程数
58      //3   2 3 5   3 5 11
59      scanf("%d",&count);
60      for(i =1; i <= count; i++)          //读余数
61          scanf("%d",&remainders[i]);
62      for(i =1; i <= count; i++)          //读模更新余数,保证为正且小于模
63      {
64          scanf("%d",&modes[i]);
65          remainders[i]=(remainders[i]%modes[i]+modes[i])%modes[i];
```

```
66          }
67          printf("%d\n",Chinese_remainder(remainders, modes, count));
68          system("pause");
69          return 0;
70      }
```

运行结果如下。

(3) 中国剩余定理的快速求解。

求解中国剩余定理问题时,有些特殊情况可以通过简便方法来进行求解。特殊情况的求解只有一句话"最小公倍加,余同取余,和同加和,差同减差"。计算过程中,取所有模的最小公倍数。

① 最小公倍加:方程组的特解加上所有模的最小公倍数 lcm 的 k 倍仍是方程组的解。

② 余同取余:如果变量 x 与不同模 m_i 的余数相同为 r,则方程组的解为 $k\times \text{lcm}+r$。例如,对于如式(4.28)所示的 x。

$$S=\begin{cases}x\equiv 1(\text{mod } 4)\\ x\equiv 1(\text{mod } 5)\\ x\equiv 1(\text{mod } 6)\end{cases} \quad (4.28)$$

因为余数都是 1,lcm(4,5,6)=60,所以 $x=k\times 60+1$。

③ 和同加和:变量 x 与不同模 m_i 的余数相同为 r_i,且 $m_i+r_i=C$(常量)。例如,对于给定的变量 x,如式(4.29)所示。

$$S=\begin{cases}x\equiv 3(\text{mod } 4)\\ x\equiv 2(\text{mod } 5)\\ x\equiv 1(\text{mod } 6)\end{cases} \quad (4.29)$$

因为 $m_i+r_i=4+3=5+2=6+1=7$,lcm(4,5,6)=60,所以 $x=k\times 60+7$。

④ 差同减差:变量 x 与不同模 m_i 的余数都为 r_i,且 $m_i-r_i=C$(常量)。例如,对于给定的变量 x,如式(4.30)所示。

$$S=\begin{cases}x\equiv 1(\text{mod } 4)\\ x\equiv 2(\text{mod } 5)\\ x\equiv 3(\text{mod } 6)\end{cases} \quad (4.30)$$

因为 $m_i-r_i=4-1=5-2=6-3=3$,lcm(4,5,6)=60,所以 $x=k\times 60-3$。

算法设计练习

1. 七夕节要到了,鲜花店打算使用蓝玫瑰和紫罗兰制作新款的花束。花店现存蓝玫瑰 x 朵,紫罗兰 y 朵,要求花束中蓝玫瑰、紫罗兰的朵数相同,请根据输入的 x 和 y(0≤

$x,y \leqslant 30000$),输出符合要求的花朵数。例如,输入为 16 18 时,输出结果为 2。

2. 孪生素数对为二元组 (p,q),其中 $q=p+2$ 并且 p 和 q 均为素数。求给定正整数 $n(0<n<2^{32})$ 以内的所有孪生素数对。

3. 根据韩信点兵的规则:三人一组余两人,五人一组余三人,七人一组余四人,请计算最少需要多少士兵。

4. 求给定区间 $[a,b]$ 内的素数之和。例如,输入 100 200 时,输出结果为 3167。

5. 给定 $n(2 \leqslant n \leqslant 10^9)$ 值,x 和 y 均为正整数且 $x<y$,统计共有多少对 (x,y) 满足给定条件 $\dfrac{1}{x}+\dfrac{1}{y}=\dfrac{1}{n}$。例如,输入为 6 时,输出为 4。

第 5 章

组合数学基础

组合数学是现代数学的一个重要分支,研究的主要内容是有限、可数或离散对象。计算机科学的一个重要方向就是通过算法对离散数学问题进行加工和处理。随着计算机科学的发展,组合数学在计算机科学中的作用也日益凸显。排列和组合是组合数学中最基本的概念,本章主要介绍排列和组合生成的基础算法。

5.1 排列生成算法

将 n 个元素(或符号)按照确定的顺序进行重排,重排后的所有顺序称为全排列。图 5-1 中给出了集合为{1,2,3,4}时的全排列示意图。

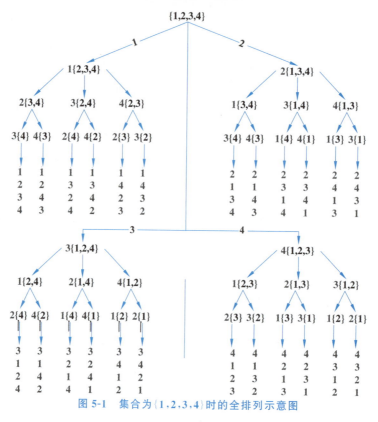

图 5-1 集合为{1,2,3,4}时的全排列示意图

全排列生成都遵循着原排列→映射规则→新排列的基本过程。全排列生成过程中，映射规则最为关键，不同映射规则决定了生成全排列的不同算法。常用的全排列生成算法包括序数生成法、字典序生成法、邻位互换法和轮转生成法等算法，本节只介绍序数生成法和字典序生成法两类。

5.1.1 序数生成法

基于序数的全排列生成算法，其核心思想是建立集合 S 的全排列与某一规则 R 所生成序列间的一一映射关系。建立映射时通常采用类似进制转换的方法，详细推导过程读者可参考组合数学相关书籍，本节只给出其概要描述。

设 $p_1p_2\cdots p_n$ 为包含 n 个元素的集合 $S=\{s_1,s_2,\cdots,s_n\}$ 的一个排列，规则 R 定义如下。

(1) 对 $p_1p_2\cdots p_n$ 按值降序排列生成新的序列 $p'_1p'_2\cdots p'_n$。

(2) 规则 R 的生成序列为 $a_{n-1}a_{n-2}\cdots a_1$，与 $p'_1p'_2\cdots p'_n$ 的映射关系为：
$a_{n-1}\leftrightarrow p'_1, a_{n-2}\leftrightarrow p'_2,\cdots,a_1\leftrightarrow p'_{n-1}$，其中 a_{n-i} 为 p'_i 在排列 $p_1p_2\cdots p_n$ 中的逆序数。

逆序数是指排列中在值 k 右侧却比 k 小的元素的个数，如 4213 中 4 的逆序数为 3，2 的逆序数为 1。p'_n 值最小，没有逆序数，因而 R 的生成序列 $a_{n-1}a_{n-2}\cdots a_1$ 中没有关于 p'_n 的映射。

序数生成法生成全排列有以下两个关键点。

1. 以阶乘为基的整数表示方法

根据康托展开可知，排列数与阶乘密切相关，可以用一种阶乘进制数来建立排列与它的序号的对应关系。将 $0!,1!,2!,\cdots,(n-1)!$ 从右向左分别作为阶乘进制数的位权。例如，对于数值 123 而言，若为十进制数则可展开为 $(123)_{10}=1\times10^2+2\times10^1+3\times10^0$，若为八进制则可展开为 $(123)_8=1\times8^2+2\times8^1+3\times8^0$，若将其展开为阶乘进制则可表示为 $1\times2!+2\times1!+3\times0!$。康托展开可以求解一个排列到阶乘进制的序号，康托逆展开可以求解一个序号对应的排列。

n 个数的全排列共有 $n!$ 个，用 $0\sim n!-1$ 表示。设 m 为 $0\sim n!-1$ 中的任意值，则 m 可表示为 $0!,1!,2!,\cdots,(n-1)!$ 的线性组合，即 $m=a_{n-1}(n-1)!+a_{n-2}(n-2)!+\cdots+a_1 1!$，其中 $0\leq a_i\leq i$。m 与唯一序列 $(a_{n-1}a_{n-2}\cdots a_i\cdots a_1)$ 一一对应。

2. 逆序和排列一一对应

因为排列的逆序和排列一一对应，所以排列的逆序就可通过序列 $a_{n-1}a_{n-2}\cdots a_i\cdots a_1$ 唯一表示。

例如，当排列 $p_1p_2p_3p_4=4213$ 时，$p'_1p'_2p'_3=432$，此时 $a_3\leftrightarrow p'_1=4$ 的逆序数有 2，1 和 3，所以 $a_3=3$；$a_2\leftrightarrow p'_2=3$ 没有逆序数，所以 $a_2=0$；$a_1\leftrightarrow p'_3=2$ 的逆序数为 1，所以有 $a_1=1$。因此，排列 $p_1p_2p_3p_4=4213$ 对应的逆序序列为排列 $a_3a_2a_1=301$。

再例如，已知 $S=\{1,2,3,4\}$，逆序序列为 $a_3a_2a_1=301$，求对应的排列 $p_1p_2p_3p_4$。已知 $S=\{1,2,3,4\}$，由 $p'_1p'_2p'_3p'_4=4321$ 可知，$a_3\leftrightarrow p'_1=4$。因为 $a_3=3$，可以确定在 4 右侧且小于 4 的元素有 3 个，所以 4 在排列的第 1 位；$a_2\leftrightarrow p'_2=3$ 且 $a_2=0$，可以确定在 3 右

侧且小于 3 的元素有 0 个,所以 3 在排列的第 4 位;$a_1 \leftrightarrow p_3' = 2$ 且 $a_1 = 1$,可以确定在 2 右侧且小于 2 的元素有 1 个,所以 2 在排列的第 2 位;最后一位 1 排在第 3 位。因此,排列 $p_1 p_2 p_3 p_4 = 4213$。表 5-1 中给出了有 4 个元素的集合 $S = \{1,2,3,4\}$ 的全排列的映射。

表 5-1 集合 $S = \{1,2,3,4\}$ 的全排列的映射

序号	$a_3 a_2 a_1$	$p_1 p_2 p_3 p_4$	序号	$a_3 a_2 a_1$	$p_1 p_2 p_3 p_4$	序号	$a_3 a_2 a_1$	$p_1 p_2 p_3 p_4$
0	000	1234	8	110	1342	16	220	3412
1	001	2134	9	111	2341	17	221	3421
2	010	1324	10	120	3142	18	300	4123
3	011	2314	11	121	3241	19	301	4213
4	020	3124	12	200	1423	20	310	4132
5	021	3214	13	201	2413	21	311	4231
6	100	1243	14	210	1432	22	320	4312
7	101	2143	15	211	2431	23	321	4321

序数法生成排列算法代码中 gen_reverse() 函数的功能是由整数生成以阶乘为基的逆序序列,整数与逆序序列的对应关系如表 5-1 所示。逆序序列递增 $a_1 a_2 \cdots a_{n-1}$ 的实际生成顺序与算法描述相反,输出时逆序即可。gen_reverse() 函数有 3 个参数,reverses[] 是结果数组,下标从 1 开始;n 为待处理整数;len 为结果数组的长度。

gen_perm() 函数的功能是由逆序序列生成排列,生成方法可参考文献[7]中对应章节的内容。gen_perm() 函数有 3 个参数,permutation[] 数组保存待生成的排列,下标从 1 开始,长度为 $n+1$;reverses[] 保存已经生成的逆序数组,下标从 1 开始,实际长度为 n;len 为结果数组的长度。

实现代码如下。

程序清单 5-1 ex5_1_1ordinalPermutation.c

```
1   #define _CRT_SECURE_NO_WARNINGS
2   #include<stdio.h>
3   #include<stdlib.h>
4   #define MAX 10
5   //由整数生成以阶乘为基的逆序序列
6   void gen_reverse(int reverses[],int n,int len)
7   {
8       int i;
9       for(i =1; n >0; i++)
10      {
11          reverses[i]= n %(i +1);
12          n = n /(i +1);
13      }
14      while(i <= len -1)
```

```c
15      {
16          reverses[i++]=0;
17      }
18  }
19  void gen_perm(int permutation[],int reverses[],int len)
20  {
21      int i, j;
22      for(i =0; i <= len; i++)         //重置排列数组为 0
23          permutation[i]=0;
24      for(i = len -1; i >=1; i--)
25      {
26          //从 p 的右侧向左(下标从大到小)第 1 个未被占用的元素开始数 a[i]个数位
27          j = len;
28          while(1)
29          {
30              if(permutation[j]==0)
31              {
32                  reverses[i]--;
33                  if(reverses[i]<0)
34                      break;
35              }
36              j--;
37          }
38          permutation[j]= i +1;       //将该数位的值置为 i+1
39      }
40      for(i =1; i <= len; i++)         //最后一个元素位置填上 1
41      {
42          if(permutation[i]==0)
43              permutation[i]=1;
44      }
45  }
46  void disp_results(char s[],int list[],int len,int reverse)
47  {
48      int i;
49      printf("%s\n", s);
50      if(!reverse)
51      {
52          for(i =1; i < len; i++)
53              printf(" %d", list[i]);
54      }
55      else
56      {
57          //逆序数组实际是按 R1R2...Rn-1 方式存放,需逆序输出
58          for(i = len -1; i >=1; i--)
59              printf(" %d", list[i]);
60      }
61      printf("\n");
62  }
63  int main()
```

```
64  {
65      //下标从1开始：逆序数组9个元素,排列数组10个元素
66      int rev[MAX], perm[MAX +1];
67      int i, n, fact;
68      printf("请输入排列的位数值: ");
69      scanf("%d",&n);
70      fact =1;
71      for(i =1; i <= n; i++)              //求n的阶乘
72          fact * = i;
73      for(i =0; i < fact; i++)            //循环求出p数组
74      {
75          gen_reverse(rev, i, n);         //由整数生成以阶乘为基的表示结果
76          disp_results("逆序", rev, n,1); //显示生成的逆序结果
77          gen_perm(perm, rev, n);         //根据逆序序列生成排列
78          disp_results("排列", perm, n +1,0);
79          printf("\n");
80      }
81      system("pause");
82      return 0;
83  }
```

在程序清单5-1中,gen_reverse()函数中第9~13行对应康托逆展开的等效表达,用于生成如表5-1所示的序列,生成的逆序序列为 $a_1 a_2 \cdots a_i \cdots a_{n-2} a_{n-1}$。以 $S_n = 4$ 为例,全排列为 $4! = 24$ 个,用 $0, 1, \cdots, 23$ 表示,图5-2给出了 gen_reverse() 函数生成前5个序号对应逆序数的分析过程。

	n=0 len=4			
i	n>0	n%(i+1)	n=n/(i+1)	r[i]=n%(i+1)
1	假			
r[]	0 0 0 0 →000(逆序)			

	n=1 len=4			
i	n>0	n%(i+1)	n=n/(i+1)	r[i]=n%(i+1)
1	真	1%(1+1)=1	1/(1+1)=0	1
2	假			
r[]	1 0 0 0 →001(逆序)			

	n=2 len=4			
i	n>0	n%(i+1)	n=n/(i+1)	r[i]=n%(i+1)
1	真	2%(1+1)=0	2/(1+1)=1	0
2	真	1%(2+1)=2	1/(2+1)=0	1
3	假			
r[]	0 1 0 0 →010(逆序)			

	n=3 len=4			
i	n>0	n%(i+1)	n=n/(i+1)	r[i]=n%(i+1)
1	真	3%(1+1)=1	3/(1+1)=1	1
2	真	1%(2+1)=1	1/(2+1)=0	1
3	假			
r[]	1 1 0 0 →011(逆序)			

	n=4 len=4			
i	n>0	n%(i+1)	n=n/(i+1)	r[i]=n%(i+1)
1	真	4%(1+1)=0	4/(1+1)=2	0
2	真	2%(2+1)=2	2/(2+1)=0	2
3	假			
r[]	0 2 0 0 →020(逆序)			

	n=5 len=4			
i	n>0	n%(i+1)	n=n/(i+1)	r[i]=n%(i+1)
1	真	5%(1+1)=1	5/(1+1)=2	1
2	真	2%(2+1)=2	2/(2+1)=0	2
3	假			
r[]	1 2 0 0 →021(逆序)			

图5-2 gen_reverse()函数生成前5个序号对应逆序数的分析过程

生成逆序数的过程就是根据逆序数从大到小、自右向左逐个向排列中填充各个数值。例如,当 $n=5$ 时,对应的逆序为 $a_3 a_2 a_1 = 021$,排列为 $p_1 p_2 p_3 p_4 = 3214$。在 gen_perm()

函数中,第 25~39 行代码完成了从逆序生成排列的过程,图 5-3 给出了当 $n=5$ 时排列的生成过程。

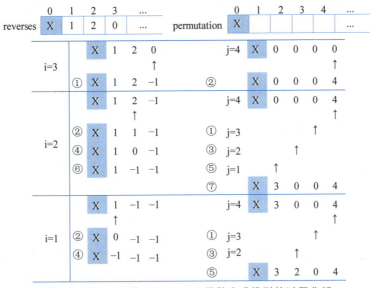

图 5-3　当 $n=5$ 时,gen_perm( )函数生成排列的过程分析

5.1.2　字典序生成法

字典序通俗解释就是,将两个字符串放入字典中,出现在前面的字符串比出现在后面的字符串更小。字典序生成方法就是按照字典顺序规定字符集中字符的先后关系,并以此为基础规定两个全排列的先后顺序是从左至右逐个比较相应的字符来确定。基于字典序比较两个字符串的大小时,可将字符串看作 k 进制数进行处理:①若两个字符串长度相等时,按照"数值与位权相乘再相加求和"的原则得出每个字符串对应的数值,再进行比较;②若两字符串长度不相同时,将较短字符串的尾部补 0(ASCII 码值为 0,非字符'0'),然后再按照①进行比较。例如,当字符串 $str_1="ba"$,$str_2="b"$ 时,先将字符串 $str_2="b"$ 变为 $str_2="b"0$,然后按二十六进制数进行比较得出 $str_1>str_2$。

设 n 个元素的集合 $S=\{s_1,s_2,\cdots,s_n\}$,其字典序的初始排列方案为 $P=p_1p_2\cdots p_n$,按照字典顺序得到 P 的下一个排列方案 P_{next},称为 P 的一个置换。按照相同的转换方法重复 $n!-1$ 次就可以获得 n 个元素的全排列。从当前排列方案按照字典序获得下一字典序排列的置换方案表述如下。

(1) 找到最后一个正序。

找到最后一个正序末位可以表示为 $i=\max\{j|p_j<p_{j+1}\}$。从右至左(也可从左向右寻找,但从右向左寻找更易于理解)扫描 $P=p_1p_2\cdots p_n$ 的递减区间找到正序的末位 p_i,p_i 满足 $p_i<p_{i+1}$ 且 $p_{i+1}>p_{i+2}>\cdots>p_n$。

(2) 在递减区寻找大于 p_i 的最小元素 p_k。

在递减区间 $p_{i+1}p_{i+2}\cdots p_n$ 中从右至左寻找大于 p_i 的最小元素 p_k,即 $k=\max\{j|p_j>p_i\}$。对 p_i 右侧的递减序列而言,从右至左为递增,因此 k 是所有大于 p_i 的数字中序号

最大者。

(3) 交换 p_i 与 p_k。

(4) 将原递减区升序排列。

例如，令 $S=\{1,2,3,4\}$，其某个字典序排列为 $P=3\ 4\ 2\ 1$，寻找下一个置换方案的过程如下：

① 最末正序为 $i=\max\{j\mid p_j<p_{j+1}\}=1$，即 $p_1=3$；

② 在递减区寻找大于 p_1 的最小元素的下标 $k=\max\{j\mid p_j>p_i\}=2$，$p_2=4$；

③ 交换 p_1 和 p_2，交换后序列为 $4\ 3\ 2\ 1$；

④ 升序排列原递减区间 $4\ 3\ 2\ 1\Rightarrow 4\ 1\ 2\ 3$。

再例如，集合 $S=\{1,2,3,4,5,6,7,8,9\}$ 的某个字典序列 $p=1\ 4\ 6\ 2\ 9\ 5\ 8\ 7\ 3$，下一个字典序的置换过程为 $1\ 4\ 6\ 2\ 9\ 5\ 8\ 7\ 3\Rightarrow 1\ 4\ 6\ 2\ 9\ 7\ 8\ 5\ 3\Rightarrow 1\ 4\ 6\ 2\ 9\ 7\ 3\ 5\ 8$。

5.1.3 "火星人"问题

人类终于登上了火星，并且见到了神秘的火星人。人类和火星人都无法理解对方的语言，科学家发明了一种用数字交流的方法。首先，火星人把一个非常大的数字告诉人类科学家，科学家破解这个数字的含义后，再把一个很小的数字加到这个大数上面，把结果告诉火星人，作为人类的回答。

火星人用一种非常简单的方式来表示数字——掰手指。火星人只有一只手，但这只手上有成千上万的手指，这些手指排成一列，分别编号为 $1,2,\cdots$。火星人的任意两根手指都能随意交换位置，他们就是通过这方法计数的。

一个火星人用一个人类的手演示了如何用手指计数。如果把五根手指——拇指、食指、中指、无名指和小指分别编号为 $1,2,3,4$ 和 5，当它们按正常顺序排列时，形成了 5 位数 12345，当你交换无名指和小指的位置时，会形成 5 位数 12354，当你把五个手指的顺序完全颠倒时，会形成 54321，在所有能够形成的 120 个 5 位数中，12345 最小，它表示 1；12354 第二小，它表示 2；54321 最大，它表示 120。表 5-2 展示了只有 3 根手指时能够形成的 6 个 3 位数和它们代表的数字。

表 5-2　手指数字与十进制数的对应表

三进制数	123	132	213	231	312	321
数字	1	2	3	4	5	6

假如你有幸成为了第一个和火星人交流的地球人。一个火星人会让你看他的手指，科学家会告诉你要加上去的很小的数。你的任务是把火星人用手指表示的数与科学家告诉你的数相加，并根据相加的结果改变火星人手指的排列顺序。

这是一道典型的字典序生成全排列问题。为此，添加 swap_elements() 函数和 selection_sort() 函数作为辅助函数。swap_elements() 函数用于交换数组内两下标所对应的元素，selection_sort() 函数用于实现对给定区间内的数据进行选择排序。

swap_elements() 函数有 3 个参数，data[] 为保存生成序列的数组，idx 和 idy 为待交换的两元素对应的下标，就是 p_i 和 p_k 对应的下标。selection_sort() 函数有 3 个参数，

data[]为待排序数组,start 为排序的起始下标,len 为待排序长度。

按照字典序生成全排列的关键函数为 next_perm()。next_perm()函数的功能是在当前排列的基础上生成下一个置换,生成方法如前所述。next_perm()函数有两个参数,data[]为当前排列,count 为排列中元素的总数。

实现代码如下。

程序清单 5-2 ex5_1_2MarsMan.c

```c
1   #define _CRT_SECURE_NO_WARNINGS
2   #include<stdio.h>
3   #include<stdlib.h>
4   #include <limits.h>
5   #define MAX 40000
6   //交换数组中下标为 idx 和 idy 的两元素
7   void swap_elements(int data[],int idx,int idy)
8   {
9       int t = data[idx];
10      data[idx]= data[idy];
11      data[idy]= t;
12  }
13  //data[]为待排序数组,start 为起始下标,len 为排序长度
14  void selection_sort(int data[],int start,int len)
15  {
16      int i, j, temp, min;
17      for(i = start; i < start + len; i++)
18      {
19          min = i;
20          for(j = i +1; j < start + len; j++)    //遍历未排序的元素
21              if(data[j]< data[min])             //保存目前最小值下标
22                  min = j;
23          if(min != i)                           //若最小值不是当前位置则交换
24          {
25              temp = data[min];
26              data[min]= data[i];
27              data[i]= temp;
28          }
29      }
30  }
31  int next_perm(int data[],int count)            //下标从 1 开始
32  {
33      int i = count, min, position, k, start;
34      //查找递减区间的起始位置
35      while(data[i]< data[i -1])
36          i--;
37      i--;                                       //正序的最末位
38      //在递减区间内找到与 data[i]最接近的值的下标 position
39      min = INT_MAX, position =0;
40      for(k = i +1; k <= count; k++)
41      {
```

```
42            if(min > data[k]- data[i]&& data[k]> data[i])
43            {
44                position = k;
45                min = data[k]- data[i];
46            }
47            if(position ==0)
48                return 0;
49        }
50        swap_elements(data, i, position);    //交换位置
51        //对原递减区域按升序排序
52        start = i +1;
53        selection_sort(data, start, count - start +1);
54        return 1;
55   }
56   int main()
57   {
58        int i, elements[MAX], count, perms;
59        scanf("%d",&count);//9
60        scanf("%d",&perms);//1
61        //1 4 6 2 9 5 8 7 3
62        for(i =1; i <= count; i++)
63            scanf("%d",&elements[i]);
64        for(i =1; i <= perms; i++)
65            if(!next_perm(elements, count))
66                break;
67        //1 4 6 2 9 7 3 5 8
68        for(i =1; i <= count; i++)
69            printf("%d ", elements[i]);
70        system("pause");
71        return 0;
72   }
```

运行结果如下。

```
9
1
1 4 6 2 9 5 8 7 3
1 4 6 2 9 7 3 5 8 请按任意键继续. . .
```

```
5
3
1 2 3 4 5
1 2 4 5 3 请按任意键继续. . .
```

5.2 组合生成算法

组合是组合数学中最基本的概念之一。从含有 n 个元素的集合 $S=\{s_1,s_2,\cdots,s_n\}$ 中任取 m 个作为一组(不考虑组内元素间的排列顺序),称为 S 的一个 m 组合,记作 C_n^m(也有 n 和 m 位置调换的表示方法)。从 n 个元素取出 m 个所构成的组合数量用式(5.1)表示。

$$C_n^m = \frac{n(n-1)(n-2)\cdots(n-m+1)}{m(m-1)(m-2)\cdots 1} = \frac{n!}{m!(n-m)!} \quad (5.1)$$

因为组合中不考虑元素间的排列次序,m 个元素的排列数为 $m!$,所以分母为 $m!$。组

May all your wishes come true

下笔如有神

如果知识是通向未来的大门,
我们愿意为你打造一把打开这扇门的钥匙!

https://www.shuimushuhui.com/

图书详情 | 配套资源 | 课程视频 | 会议资讯 | 图书出版

清华大学出版社
TSINGHUA UNIVERSITY PRESS

May all your wishes come true

合具有以下两条性质：

(1) $C_n^m = C_n^{n-m}$；

(2) $C_n^m = C_{n-1}^m + C_{n-1}^{m-1}$。

性质(1)可以自己推导得出。性质(2)也可以理解为从 n 个元素取出 m 个，有如下两种情况：①不考虑第 n 个元素，只从前 $n-1$ 个元素中取 m 个；②选择第 n 个元素，再从前 $n-1$ 个元素中取 $m-1$ 个。

5.2.1 基于字典序的组合生成算法

与排列相比，组合的生成要容易得多。表 5-3 给出从 $S=\{1,2,3,4,5,6\}$ 中任取 3 个元素的组合结果。

表 5-3 从 S 中任取 3 个元素的组合

序号	$c_1c_2c_3$	序号	$c_1c_2c_3$	序号	$c_1c_2c_3$
1	123	8	145	15	246
2	124	9	146	16	256
3	125	10	156	17	345
4	126	11	234	18	346
5	134	12	235	19	356
6	135	13	236	20	456
7	136	14	245		

观察表 5-3 中的每个组合 $c_1c_2c_3$，可以发现 $c_1c_2c_3$ 满足条件 $1 \leq c_1 < c_2 < c_3 \leq 6$，由此可以确定 c_1 的最大值为 4，c_2 的最大值为 5，c_3 的最大值为 6。若组合的各个数位之值都已经到达上限，则生成结束。否则，从右向左寻找第一个未达到上限的数 k，并将 $k+1$，$k+2,\cdots,k+(r-j+1)$ 赋给从该位开始到结尾的各个数位。例如，当组合 $c_1c_2c_3 = 126$ 时，第 3 位已经达到上限，从右向左未达到上限的第 1 个数值是第 2 位的 2，所以将 3(2+1) 赋值给第 2 位，并将 4(2+2) 赋值给第 3 位后结束。因此，$c_1c_2c_3=126$ 的下一个组合为 $c_1c_2c_3=134$。

从 n 个元素取出 m 个元素的解题思路：因为 m 个元素间不考虑排列，所以可以考虑使用一个具有 m 个元素的数组以升序方式来保存选择的每个元素，以确保不会生成重复的组合，这就是组合的字典序生成方法。

设集合 $S=\{s_1,s_2,\cdots,s_n\}$，按字典序生成其 m 组合。设 S 的一个 m 组合为 $a_1a_2\cdots a_m$，并且 $1 \leq a_1 < a_2 < \cdots < a_m \leq n$。按字典序生成下一个组合的思路如下。

(1) 寻找最大下标 $i = \max\{j | a_j < n-m+j\}$。从右向左寻找第一个未达到上限的数，其下标即为所求；

(2) 进行两步处理：①$a_i \leftarrow a_i + 1$；②$a_j \leftarrow a_{j-1} + 1$，其中 $j = i+1, i+2, \cdots, m$。

next_comb()函数是实现从当前组合生成下一组合的关键函数，参数 comb[] 是保存当前组合的数组，下一组合生成后也存储于其中；n 为总元素个数；m 为构成组合元素的个数。为了处理方便,保存组合的下标及组合对应的数值均比实际值小 1,该值在输出组合时会进行补偿,以确保输出结果正确。有 3 个因素对于函数的处理逻辑有重要影响,分别是变量 i、ubound 和 ubound$+i$。变量 i 为组合最后一个元素的下标;ubound 用于记录元素总数 n 和组合个数 m 之间的差值,即 ubound$=n-m$;ubound$+i$ 为组合中各个位置对应的上限。ubound$+i$ 非常关键,当 $i=m$ 时,ubound$+i=m+(n-m)=n$,组合中的最后一个元素就可达到最大取值 n;随着 i 的减小,ubound$+i$ 会变为对应位置的上限。组合中元素的下标 i 取值为 $1\sim m$,ubound$+i$ 对应的上限分别为 $n-m+1, n-m+2, \cdots, n$。以 C_5^3 为例,对应各数位的下标及其上限分别为:当 $i=0$ 时,ubound$+i$ 对应的上限值为 2;当 $i=1$ 时,ubound$+i$ 对应的上限值为 3;$i=2$ 时,ubound$+i$ 对应的上限值为 4(为了处理方便,下标及上限均比实际值小 1),表 5-4 给出了分析过程。

表 5-4 下标及其限界的对应表

n	m	i	ubound	ubound$+i$
5	3	2	2	4
		1		3
		0		2

1. 非递归生成方法

使用 next_comb() 函数生成下一个有效组合数的过程中,do 循环的功能是从右向左找到第 1 个达到上限的位置,并将其前一位的数值加 1。寻找上限时,先将当前位$+1$,即使超出上限也无所谓(输出时会调整)。例如,当前组合为 125 时,其实际值为 014,此时 $i=2$、ubound$+i=4$,处理过程如下。

(1) 循环内将最后一位增加,变为 126(实际值为 015);

(2) while 部分处理循环条件时,i 值变为 1,下一轮循环中 ubound$+i$ 变为 3;

(3) 新一轮循环中,循环体执行后,组合第 2 位值增加,变为 136(实际值为 025),此时第 2 位已经不大于 ubound$+i$ 的值 4(实际为 3),循环结束。

if(comb[0]>ubound)分支结构的作用是判定整个组合生成过程是否结束。while 循环用来设置组合后面各个位置上的值。

实现代码如下。

程序清单 5-3 ex5_2_1dictCombination.c

```
1   #define _CRT_SECURE_NO_WARNINGS
2   #include<stdio.h>
3   #include<stdlib.h>
4   #define MAX_RECORDS 10
5   int next_comb(int comb[],int n,int m)
6   {
7       //所有元素值比实际输出值小 1,输出时调整
8       int i = m - 1;              //组合最后一个元素的下标
9       //组合第 1 元素的上限
10      int ubound = n - m;         //比实际输出值小 1,输出时补偿 1
```

```
11      do
12      {
13          comb[i]++;
14      }while(comb[i]> ubound + i && i--);
15      //若第 1 位也已经到达上界,则组合生成完毕
16      if(comb[0]> ubound)
17          return 0;
18      //调整 i 位之后其余位
19      while(++i < m)
20          comb[i]= comb[i -1]+1;
21      return 1;
22  }
23  void show_comb(int comb[],int len)
24  {
25      int i;
26      for(i =0; i < len; i++)
27      {
28          printf("%d", comb[i]+1);
29          if(i +1< len)
30              printf(",");
31          else
32              printf("\n");
33      }
34  }
35  int main()
36  {
37      int comb[MAX_RECORDS];//保存生成组合的数组
38      int n, m, i;
39      printf("请输入组合数 C(n,m):");
40      scanf("%d%d",&n,&m);
41      //数据合法性检查
42      if(n<m || m<=0|| n>MAX_RECORDS || m>MAX_RECORDS)
43          return 0;
44      //初始化第 1 个组合:1,2,...,m
45      for(i =0; i < m; i++)
46          comb[i]= i;
47      do
48      {
49          show_comb(comb, m);
50      }while(next_comb(comb, n, m));
51      system("pause");
52      return 0;
53  }
```

代码清单 5-3 中,第 11~14 行 do…while 循环的功能是:先将在当前组合元素值增加 1,当其值大于上限 ubound + i 且其左侧仍有组合元素的情况下,继续向左侧寻找尚未到达上限的元素。do…while 循环中已经对未到达上限的元素使用 comb[i]++进行了自增处理,找到未到达上限元素的同时解决了 $a_i \leftarrow a_i + 1$ 步骤。第 19~20 行 while 循

环的功能是完成字典序生成下一个组合思路中的第②步中的 $a_j \leftarrow a_{j-1}+1$。在 main() 函数中，关键点是第 45~46 行代码，其作用是生成第一个无逆序的合法组合"1 2 … m"。

运行结果如下。

```
请输入组合数C(n,m)：
4 3
1,2,3
1,2,4
1,3,4
2,3,4
请按任意键继续. . .
```

2. 递归生成方法

根据字典序生成组合时，从组合中最后一个元素出发，确定第 i 个位置的元素 k（取值范围为 $k \sim n$，共有 $n-k+1$ 种可能），接下来的工作就是从第 i 个位置之前的 $i-1$ 个元素中抽取 $k-1$ 个构成组合。以 C_5^3 为例，当组合以 3 结尾时，抽取剩余两个元素{1,2}的两个，按字典序只能生成组合"1 2 3"；当组合以 4 结尾时，剩余三个元素{1,2,3}中的两个，按字典序可以生成组合"1 2 4"、"1 3 4"和"2 3 4"；当组合以 5 结尾时，抽取剩余四个元素{1,2,3,4}中的两个，按字典序可以生成组合"1 2 5"、"1 3 5"、"2 3 5"、"1 4 5"、"2 3 5"和"3 4 5"。

递归生成算法的主体是 gen_comb() 函数，combs[] 保存生成组合的记录数组（只保留一组，不断生成），n 为样本集合，k 为待抽取样本数（n 和 k 在递归过程中不断变化），r 为原始组合数，执行过程中不变化。

实现代码如下。

程序清单 5-4　ex5_2_2dictCombinationRecursive.c

```
1   #define _CRT_SECURE_NO_WARNINGS
2   #include<stdio.h>
3   #include<stdlib.h>
4   #define MAX_ELEMENTS 20
5   void disp_comb(int combs[],int r)
6   {
7       int i;
8       for(i =0; i < r; i++)
9       {
10          printf("%d",combs[i]);
11          if(i +1< r)
12              printf(",");
13      }
14      printf("\n");
15  }
16  void gen_comb(int combs[],int n,int k,int r)
17  {
18      int i;
19      if(0== k)
20          disp_comb(combs, r);
```

```
21          else
22          {
23              for(i = k; i <= n; i++)
24              {
25                  combs[k -1]= i;
26                  gen_comb(combs, i -1, k -1, r);
27              }
28          }
29  }
30  int main()
31  {
32      int n, k, r, arr[MAX_ELEMENTS];
33      printf("请输入组合数 C(n,m):");
34      scanf("%d%d",&n,&k);
35      r = k;
36      gen_comb(arr, n, k, r);
37      system("pause");
38      return 0;
39  }
```

程序清单 5-4 中,第 23～27 行 for 循环是从上一组合生成当前组合的核心,首先定位组合的最后一个元素位置 i,然后依次遍历所有可能取值 $k\sim n$,并递归调用 gen_comb() 函数从剩余 $i-1$ 个元素中抽取 $k-1$ 个生成组合,生成过程如图 5-4 所示,结果与非递归方式相同。

5.2.2 基于格雷码的组合生成算法

1940 年,贝尔实验室的 Frank Gray 发明了格雷码,并在 1953 年申请了美国专利。发明格雷码的最初目的是降低数字信号传输过程中的错误率。在通信过程中,需要数/模转换器将计算机内的数字信号转换成模拟信号进行传输,到达目标计算机后需要使用模/数转换设备将模拟信号转换回数字信号供目标计算机处理。在数/模转换过程中,二进制数字信号需要转换为电流脉冲,如果多个数据位同时变化则会使电路产生很大的尖峰电流脉冲,容易导致状态错误。格雷码在相邻编码间转换时,只有 1 位发生变化,与同时改变两位或多位的编码方式相比更为可靠,有效减少了状态转换时逻辑的混淆,降低了传输出错的可能性。

一组数据编码中,若任意两个相邻数据的二进制编码只有一位不同,则称这种编码为格雷码。由于格雷码的最大数值与最小数值之间仅一位数不同,这就实现了编码的"首尾相连",因此格雷码也称循环码或反射码。

1. 生成格雷码

格雷码使用二进制位来表示,用 n 位二进制表示每个数字(可表示 2^n 个数字,范围为 $0\sim 2^n-1$),任意相邻两个数之间只有一个二进制位的值不同。例如,用 3 位元格雷码表示 $0\sim 7$ 分别为 000,001,011,010,110,111,101,100,其生成过程如下。

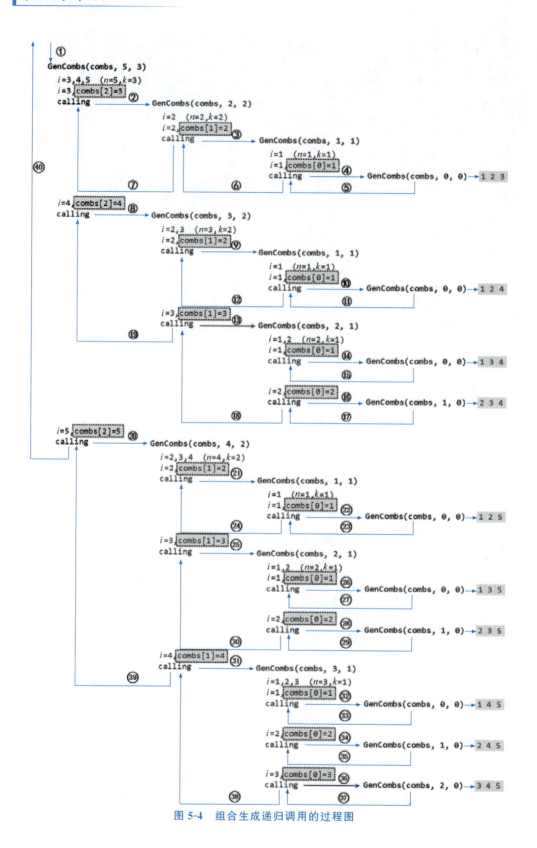

图 5-4 组合生成递归调用的过程图

(1) 产生初始 3 位元的格雷码 000；

(2) 修改最右侧位元值为相反值($0\to1,1\to0$)，即 000→001；

(3) 找到右起第 1 个数位值为 1 的位元，改变其左侧位元值，即 001→011；

(4) 重复(2)，即 011→010；

(5) 重复(3)，即 010→110；

(6) 重复(2)，即 110→111；

(7) 重复(3)，即 111→101；

(8) 重复(2)，即 101→100。

虽然生成过程有一定规律可循，但仍较为烦琐。仔细观察，会发现格雷码的结构整体上呈纵向对称状态，如前 4 个编码构成的一组与后 4 个编码构成的一组第 1 位是相反的，其余各位的值以中间元素为轴对称。前 4 个编码构成的一组，去掉最高位之后的 2 位，也呈现相同的对称状态，其他以此类推，编码的最小重复单元为 0 和 1，如图 5-5 所示。

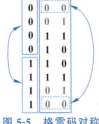

图 5-5　格雷码对称生成规律

通过上述分析可知，格雷码的生成过程完全符合如下递归特征。

(1) 问题及其子问题有相同结构。

(2) 子问题的规模逐渐递减。

(3) 有终止条件作为出口，即最小重复单元为 0 和 1。因此，可使用递归方法由 $n-1$ 位格雷码生成 n 位格雷码。

由 $n-1$ 位格雷码生成 n 位格雷码时，只需在前半部分 $n-1$ 位格雷码前补 0，后半部分 $n-1$ 位格雷码前补 1。下面给出生成 4 位格雷码的大致过程。

(1) 产生 0 和 1 两个字符串。

(2) 镜像复制(1)，在 4 个字符串前分别补 0 和补 1，生成 00,01,11,10。

(3) 镜像复制(2)，在 8 个字符串前分别补 0 和补 1，生成 000,001,011,010,110,111,101,100。

(4) 镜像复制(3)，在 16 个字符串前分别补 0 和补 1，生成 0000,0001,0011,0010,0110,0111,0101,0100,1100,1101,1111,1110,1010,1011,1001,1000。

至此，4 位格雷码生成完毕。

2. 递归生成格雷码

实现递归生成格雷码的关键代码为 graycodes_recursive() 函数，该函数有 3 个参数：arr[][MAX] 数组用于保存 2^n 个 n 位格雷码，每行一个，编码从右向左（即左侧为编码的低位，右侧为编码的高位，下标为 0 的元素是编码的最低位）；elements 为实际编码的个数，即 elements = 2^n；codes 为编码的位数，即 codes = n，同时满足 2^{codes} = elements。

为便于处理，将生成的格雷码逆序存储在 arr[][] 数组中，算法执行时先生成最高位信息（前半部分 0，后半部分 1），然后递归生成 $n-1$ 位格雷码并保存于数组 arr[][] 中，此时只生成了前半部分对应的 $n-1$ 位格雷码，生成后半部分时只需将前半部分镜像即可。

实现代码如下。

程序清单 5-5　ex5_2_3grayCodeRecursive.c

```c
#define _CRT_SECURE_NO_WARNINGS
#include<stdio.h>
#include<stdlib.h>
#define MAX 16
void graycodes_recursive(int arr[][MAX],int elements,int codes)
{
    int i, j;
    if(0== codes)
        return;
    //生成 n 位格雷码的最高位：前半 0,后半 1(根据位数就可以确定最高位)
    for(i =0; i < elements /2; i++)          //逆序存放,下标 0 保存最低位
    {
        arr[i][codes -1]=0;
        arr[elements - i -1][codes -1]=1;
    }
    //生成 n-1 位格雷码写在目标码字的最高部分
    graycodes_recursive(arr, elements /2, codes -1);
    //将前半部分镜像填入后半部分：(n-1)位的格雷码逆序后填入目标码字的低半部分
    for(i = elements /2; i < elements; i++)
        for(j =0; j < codes -1; j++)
            arr[i][j]= arr[elements - i -1][j];
}
int main()
{
    int arr[MAX][MAX], codes;//= 3;
    int elements =1, i, j;
    printf("请输入待生成格雷码的位数(n<%d)：", MAX);
    scanf("%d",&codes);
    for(i =1; i <= codes; i++)
        elements *=2;
    graycodes_recursive(arr, elements, codes);
    printf("递归生成%d 位格雷码如下：\n",codes);
    for(i =0; i < elements; i++)
    {
        for(j = codes -1; j >=0; j--)
            printf("%d ", arr[i][j]);
        printf("\n");
    }
    system("pause");
    return 0;
}
```

运行结果如下。

```
请输入待生成雷码的位数(n<16)：4
递归生成4位格雷码如下：
0 0 0 0
0 0 0 1
0 0 1 1
0 0 1 0
0 1 1 0
0 1 1 1
0 1 0 1
0 1 0 0
1 1 0 0
1 1 0 1
1 1 1 1
1 1 1 0
1 0 1 0
1 0 1 1
1 0 0 1
1 0 0 0
请按任意键继续. . .
```

3. 基于二进制编码生成格雷码

可以根据二进制编码生成格雷码，也可以由格雷码获取二进制编码，前者称为编码，后者称为解码。设 n 位二进制编码为 $B=b_{n-1}b_{n-2}\cdots b_2b_1b_0$，格雷码为 $G=g_{n-1}g_{n-2}\cdots g_2g_1g_0$，由 n 位二进制编码获取 n 位格雷码的编码规则如下，生成过程示意图如图 5-6 所示。

(1) $g_{n-1}=b_{n-1}$；

(2) $g_i=b_{i+1}\oplus b_i$，其中，$\oplus$ 为异或运算，$i=n-2,n-3,\cdots,1,0$。

【例 5-1】 5 位二进制码为 $B=b_4b_3b_2b_1b_0=10110$ 时，到格雷码 $G=g_4g_3g_2g_1g_0$ 的转换过程如下。

(1) $g_4=b_4=1$；

(2) $g_3=b_4\oplus b_3=1\oplus 0=1$；

(3) $g_2=b_3\oplus b_2=0\oplus 1=1$；

(4) $g_1=b_2\oplus b_1=1\oplus 1=0$；

(5) $g_0=b_1\oplus b_0=1\oplus 0=1$。生成的格雷码为 $G=g_4g_3g_2g_1g_0=11101$。

设 n 位格雷码为 $G=g_{n-1}g_{n-2}\cdots g_2g_1g_0$，二进制编码为 $B=b_{n-1}b_{n-2}\cdots b_2b_1b_0$，则由 n 位格雷码获取 n 位二进制编码的编码规则如下，生成过程示意图如图 5-7 所示。

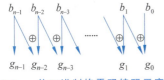

图 5-6 n 位二进制格雷码编码示意图

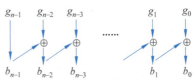

图 5-7 n 位二进制格雷码解码示意图

(1) $b_{n-1}=g_{n-1}$；

(2) $b_{i-1}=b_i\oplus g_{i-1}$，其中，$\oplus$ 为异或运算，$i=n-1,n-2,\cdots,1$。

【例 5-2】 5 位格雷码为 $G=g_4g_3g_2g_1g_0=10110$ 时，到二进制码 $B=b_4b_3b_2b_1b_0$ 的转换过程如下。

(1) $b_4 = g_4 = 1$；

(2) $b_3 = b_4 \oplus g_3 = 1 \oplus 0 = 1$；

(3) $b_2 = b_3 \oplus g_2 = 1 \oplus 1 = 0$；

(4) $b_1 = b_2 \oplus g_1 = 0 \oplus 1 = 1$；

(5) $b_0 = b_1 \oplus g_0 = 1 \oplus 0 = 1$。生成的二进制编码为 $B = b_4 b_3 b_2 b_1 b_0 = 11011$。

由于计算机内部对数据的存储使用二进制补码，所以不需要特殊处理即可获得某数的二进制编码。设待转换的数据为 n，将 n 不断与 2 取余，从低向高取余数，各位即为其对应的二进制编码，例如：$(30)_b = 11110$，$30 \div 2 = 15 \cdots 0$，$15 \div 2 = 7 \cdots 1$，$7 \div 2 = 3 \cdots 1$，$3 \div 2 = 1 \cdots 1$，$1 \div 2 = 0 \cdots 1$。从低向高取各位余数，获得 30 的二进制编码为 $(30)_b = 11110$。

bin2gray() 函数是实现二进制编码到格雷码转换功能的主要函数，包括 3 个参数：arr[][MAX] 数组用于保存生成的各个格雷码，生成的格雷码长度最大为 MAX(16) 位；elements 为实际生成的格雷码个数；codes 为格雷码的位数，满足 $2^{codes} = elements$。

函数内部使用 last_bit 保存格雷码 b_{j-1}，current_bit 保存 b_j，$j = 1, 2, \cdots, codes$。$g_k = \text{last\_bit} \oplus \text{current\_bit} = b_{j-1} \oplus b_j$，$k = codes, \cdots, 2$。结束时，$g_1 = b_{codes} = \text{last\_bit}$。

实现代码如下。

程序清单 5-6　ex5_2_4binaryGrayCode.c

```c
1   #define _CRT_SECURE_NO_WARNINGS
2   #include<stdio.h>
3   #include<stdlib.h>
4   #define MAX 16
5   void bin2gray(int arr[][MAX],int elements,int codes)
6   {
7       int i, j, k, num, last_bit, current_bit;
8       for(i =0; i < elements; i++)
9       {
10          num = i;
11          k = codes;
12          for(j =1; j <= codes; j++)
13          {
14              if(1!= j)                            //j>1 时求 G[k]
15              {
16                  current_bit = num %2;
17                  arr[i][k]= current_bit ^ last_bit;   //按位异或运算
18                  last_bit = current_bit;
19                  k--;
20              }
21              else                                 //j 为 1 时只保存 last_bit
22                  last_bit = num %2;
23              num /=2;
24          }
25          arr[i][k]= last_bit;
26      }
27  }
28  int main()
29  {
```

```
30      int i, j, arr[MAX][MAX];
31      int codes;//= 4;
32      int elements =1;              //2^codes 表示的数据范围
33      printf("请输入待生成格雷码的位数(n < %d): \n", MAX);
34      scanf("%d",&codes);
35      //获取 codes 位编码表示数据的范围
36      for(i =1; i <= codes; i++)
37          elements *=2;
38      //利用二进制转换生成格雷码
39      bin2gray(arr, elements, codes);
40      printf("%d 位格雷码如下: \n",codes);
41      for(i =0; i < elements; i++)
42      {
43          for(j =1; j <= codes; j++)
44              printf("%d ", arr[i][j]);
45          printf("\n");
46      }
47      system("pause");
48      return 0;
49  }
```

运行结果如下。

```
请输入待生成格雷码的位数(n<16): 4
4位格雷码如下:
0 0 0 0
0 0 0 1
0 0 1 1
0 0 1 0
0 1 1 0
0 1 1 1
0 1 0 1
0 1 0 0
1 1 0 0
1 1 0 1
1 1 1 1
1 1 1 0
1 0 1 0
1 0 1 1
1 0 0 1
1 0 0 0
请按任意键继续. . .
```

4. one-hot 编码和格雷码生成组合

one-hot 编码,又称"独热编码",其思想就是用 N 个状态寄存器来代表 N 个状态,状态寄存器可能是 1 位、1 字节或占多个字节的某种类型。对于每个状态而言,N 个状态寄存器都需要使用,但只有 1 个寄存器位处于有效状态,这就是"独热"的来由。one-hot 编码虽然需要使用多个状态寄存器,但其易于理解和操作,而且在实际操作中可以使用稀疏编码来获得更好的空间性能。

组合就是从含有 n 个元素的集合 $S=\{s_1,s_2,\cdots,s_n\}$ 中任取 m 个作为一组。可以从另外一个角度来考虑,将使用 one-hot 编码方式和格雷码相邻位只有 1 位发生变化的优势相结合来生成组合。

定义一个数 k（通常用整数即可），其变化范围为 $0 \sim 2^n-1$，其二进制位数为 n 位，当第 i 位为 1 时表示集合 S 中的 s_i 被选中。从 n 个元素的集合 $S=\{s_1,s_2,\cdots,s_n\}$ 中任取 m 个构成组合的问题就变成了从 $0 \sim 2^n-1$ 内选择那些二进制位中 1 的个数之和为 m 个的那些数值。依次扫描 $0 \sim 2^n-1$ 内各个数值对应的格雷码，挑选 1 的个数之和为 m 个那些编码，输出对应的组合。表 5-5 给出了 4 位元格雷码的生成过程。

表 5-5　4 位元格雷码的生成过程

数值	4 位元格雷码	1 的个数	输出组合（右至左）
0	0000	0	×
1	0001	1	×
2	0011	2	×
3	0010	1	×
4	0110	2	×
5	0111	3	1 2 3
6	0101	2	×
7	0100	1	×
8	1100	2	×
9	1101	3	1 3 4
10	1111	4	×
11	1110	3	2 3 4
12	1010	2	×
13	1011	3	1 2 4
14	1001	2	×
15	1000	1	×

实现代码如下。

程序清单 5-7　ex5_2_5combFromGraycodeOnehot.c

```
1   #define _CRT_SECURE_NO_WARNINGS
2   #include<stdio.h>
3   #include<stdlib.h>
4   #define MAXNUM 128
5   //利用右移+异或运算由数值生成格雷码
6   unsigned int bin2gray(unsigned int num)
7   {
8       return num ^(num >>1);
9   }
10  int main()
11  {
```

```c
12      //格雷码的位数：one-hot思路,对应组合数中元素的总数(如 C₄³ 中的 4)
13      int n_bits;
14      int n_selected;                         //组合数中抽取元素的个数
15      unsigned char one_bits[MAXNUM];         //保存格雷码中1的位置
16      int gray_code, one_counts;              //保存格雷码和格雷码中1的个数
17      int i, j, total =1;                     //n 个元素生成的总的排列数：2^n
18
19      printf("请输入待处理组合中元素的总数及抽取的个数：");
20      scanf("%d%d",&n_bits,&n_selected);
21
22      for(i =0; i < n_bits; i++)
23          total *=2;
24
25      printf("根据格雷码和 one-hot 思想生成的组合数如下：\n");
26      for(i =0; i < total; i++)       //循环生成格雷码,根据格雷码确定要生成的组合数
27      {
28          one_counts =0;                      //待选取元素个数
29          gray_code = bin2gray(i);            //获得格雷码(本身就是二进制存储)
30          //在循环中,利用数组从低位到高位保存生成格雷码的各个数位
31          //根据保存的格雷码数位值计算1的个数,将 one-hot 中各数位值相加
32          for(j=0;j<n_bits;j++)
33          {
34              //从低位到高位获取格雷码的各个数值,并将之保存到数组当中
35              one_bits[j]=(gray_code >> j)&1;
36              one_counts += one_bits[j];      //计算生成格雷码中1的个数
37          }
38          if(one_counts == n_selected)        //输出符合条件的格雷码
39          {
40              for(j =0; j < n_bits; j++)
41                  if(one_bits[j]==1)
42                      printf("%d", j +1);
43              printf("\n");
44          }
45      }
46      system("pause");
47      return 0;
48  }
```

运行结果如下。

```
请输入待处理组合中元素的总数及抽取的个数：4 3
根据格雷码和one-hot思想生成的组合数如下：
123
134
234
124
请按任意键继续. . .
```

算法设计练习

1. 我们把一个数称为有趣的,当且仅当:①它的数字只包含 0,1,2,3,且这四个数字都出现至少一次;②所有的 0 都出现在所有的 1 之前,而且所有的 2 都出现在所有的 3 之前;③最高位数字不为 0。因此,符合我们定义的最小的有趣数是 2013。除此之外,4 位的有趣数还有两个:2031 和 2301。请计算恰好有 n 位($4 \leqslant n \leqslant 1000$)的有趣数的个数。由于答案可能非常大,只需要输出答案除以 1000000007 的余数。

2. 组合数表示的是从 n 个物品中选出 m 个物品的方案数。例如,从集合 $\{1,2,3\}$ 中选择 2 个元素有 $(1,2)$,$(1,3)$ 和 $(2,3)$ 三种选择方法。根据组合数的定义,计算给定 n,m 和 k 的条件下,对于所有的 $0 \leqslant i \leqslant n, 0 \leqslant j \leqslant m$ 有多少对 (i,j) 满足组合数是 k 的倍数。

3. 给定正整数 n 可以构成 $n!$ 种排列,将这些排列按照从小到大的顺序(字典顺序)列出,如 $n=3$ 时,列出 1 2 3,1 3 2,2 1 3,2 3 1,3 1 2,3 2 1 六个排列。给定某个排列 p 的条件下,计算该排列之后的第 k 个排列,如果遇到最后一个排列,则下一个排列为第 1 个排列。例如,当 $n=3, k=2$,给定排列为 2 3 1 时,它的下一个排列为 3 1 2,第二个排列为 3 2 1,因此答案为 3 2 1。

4. 组合数 C_n^i 表示从 n 个物品中做任意选取 i 个的方案数,假定 i 取从 0 到 n 所有偶数,计算 $\sum C_n^k$ 对 6662333 的余数。例如,输入为 3 时,输出结果为 4。

5. 计算使用 1×2 的瓷砖覆盖 $2 \times m$ 的地板的方案数。例如,输入 m 为 10 时,输出结果为 89。

第 6 章

贪 心 算 法

在描述贪心算法时,往往需要使用多种基本类型的组合体来描述问题所对应的数据结构。可以采用相关数据联动的方法处理多种基本类型的组合体,但使用结构体将这些数据定义为一个整体进行处理的方法更为有效。因此,本章先讲述结构体相关的基础知识,再讲解基于结构体的贪心算法及其经典案例。

6.1 结构体

在计算机程序设计中,结构体是基本的数据结构,用于表示一类相关数据的集合,因此,结构体也称作记录或复合数据。结构体的产生和发展与事物的发展规律是一致的,是在原有的 char、int、double 等基础数据类型和数组等构造数据类型已经无法适应更加复杂的功能需求的情况下产生的。

(1) 当我们需要处理求素数等较为简单的问题时,通常只需要使用系统提供的 int、char、float、double 等基本数据类型就足够了。

(2) 当面对批量数据时,需要考虑使用数组等构造数据类型配合循环进行处理。

(3) 当问题进一步复杂化,如处理包含姓名、住址和成绩等学生信息的批量数据时,可以使用若干数组同步进行处理。使用数组同步处理会使处理过程变得复杂而且难于维护。因此,需要一种新的类型,能够将若干类型不同、相互关联密切的基本数据类型、构造数据类型,甚至是另外一种与之类似的类型结合在一起构造出具有实际意义的记录或结构,将由此定义而成的类型称为结构体。结构体是关联密切的字段的聚集,其中每个项称为字段(也称为成员或者域)。

(4) 使用 struct 关键字定义结构体。结构体定义好之后,就可以像基本数据类型那样定义该类型的变量、数组、指针等内容。除此之外,还可以定义对结构体进行处理和操作的系列函数,二者通过函数的形参进行耦合。例如,表示某人生日信息时,将数值型的年份、字符串表示的月份和数字表示的日期等字段定义为一个 birthday 结构体;三维空间内的点包括 x、y 和 z 三个分量坐标信息;定义栈结构体时,不仅需要定义包括存储数据的数组和指示当前操作位置的栈顶指针等字段,还需要定义与栈中数据处理相关的 PUSH、POP、GetTop 等操作栈的函数。

下述代码给出了定义结构体的示例。第一段代码定义了一个学生结构体 Student,包括学生姓名、性别、出生年份和入学成绩信息。第二段代码定义了表示二叉树结点的结构体 BinaryTree，包括数据字段 data，指向左子树的指针 left 和指向右子树的指针 right。第三段代码定义了一个静态二叉树结构体，data 字段用于保存节点数据信息，指示变量 left 和 right 分别用于存储指向左子树和右子树的下标信息。

```
1   struct Student
2   {
3       char name[20];
4       bool gender;
5       unsigned int birthYear;
6       double score;
7   };
8   struct BinaryTree
9   {
10      int data;
11      struct BinaryTree * left;
12      struct BinaryTree * right;
13  };
14  struct BinaryTreeS
15  {
16      int data;
17      int left;
18      int right;
19  };
```

结构体定义完成之后，就可以像使用基本数据类型那样定义结构体变量、结构体数组和结构体指针等内容。对结构体变量进行操作时，需要将之作为一个整体看待，但要分别处理结构体变量的每个字段。程序清单 6-1 给出了结构体的定义和使用的示例。

程序清单 6-1　ex6_1struct.c

```
1   #define _CRT_SECURE_NO_WARNINGS
2   #include<stdio.h>
3   #include<stdlib.h>
4   #define MAX 3
5   struct Birthday
6   {
7       int year, month, day;
8   };
9   struct Student
10  {
11      char name[10];
12      struct Birthday bd;
13      double score[3];
14  };
15  int main()
16  {
17      int i, j;
18      struct Student students[MAX];
```

```
19          printf("请依次输入姓名、出生日期和三门课程的成绩\n");
20          for(i =0; i < MAX; i++)
21          {
22              //处理每一个元素 students[i]的各个字段
23              scanf("%s",&students[i].name);
24              scanf("%d%d%d",&students[i].bd.year,&students[i].bd.month,
                    &students[i].bd.day);
25              for(j =0; j <3; j++)
26                  scanf("%lf",&students[i].score[j]);
27          }
28          for(i =0; i < MAX; i++)
29              students[i].score[0]+=5;
30          for(i =0; i < MAX; i++)
31          {
32              //输出每一个元素 students[i]的各个字段信息
33              printf("%s,",students[i].name);
34              printf("%d-%d-%d,",students[i].bd.year,students[i].bd.month,
                    students[i].bd.day);
35              for(j =0; j <3; j++)
36                  printf("%.2lf ",students[i].score[j]);
37              printf("\n");
38          }
39          system("pause");
40          return 0;
41      }
```

6.2 贪心算法概述

贪心算法也称贪婪算法,在求解问题过程中不从整体进行考虑,每一步总是采取在当前状态下最有利或最优的选择。贪心算法的总体原则是期望当前的最优选择所产生的结果也是最优的。从某种意义上来说,贪心算法求得的解是局部最优解,这种局部最优解在许多情况下往往就是全局最优解。贪心算法易于理解和实现,效率较高,所求得的解与最优解接近,可作为辅助算法或者用于求解结果精确性要求不是特别高的问题。

贪心算法解题的基本思路:

(1) 建立问题的数学模型,这是相当难的一步。

(2) 将待求解问题划分成若干子问题。

(3) 求解每个子问题,得到子问题的局部最优解。

(4) 合并子问题的局部最优解,获得原问题的一个解。

贪心算法对于有最优子结构的问题尤为有效,如哈夫曼编码(Huffman Coding)、最小生成树算法(普里姆(Prim)算法和克鲁斯卡尔(Kruskal)算法)、单源最短路径算法(迪杰斯特拉(Dijkstra)算法)等。第 2 章已经介绍过的冒泡排序和选择排序就是贪心算法的典型应用。

贪心算法也存在一些局限:

(1) 算法不能保证求得的最终解为全局最优。
(2) 多数情况下无法求得最优解。
(3) 算法只能求解满足一定约束条件的可行解。

对于大部分问题,贪心算法由于采取局部最优策略,容易过早做出选择,无法测试所有可能的解。本章主要阐述贪心算法的基本思想和典型应用场景,不关注贪心算法中问题的最优子结构的证明。

6.3 活动时间安排

小刘所在的单位有一座多功能礼堂,每天都有许多活动需要使用该礼堂,每个活动都有一定的时间计划,对开始时间和结束时间各有要求。各个部门分别制订活动计划,因此预计安排在同一天的活动计划时间可能会发生冲突。小刘负责协调活动组织的相关工作,安排要在礼堂举行的各种活动。安排活动时,要确保同一时间最多安排一个活动,而且物尽其用,尽可能地安排更多活动。

对问题进行更一般的描述:设有 N 个待安排的活动,每个活动的开始时间用 b_i 表示,结束时间用 e_i 表示,其中 $1 \leqslant i \leqslant n, 0 \leqslant b_i < e_i, b_i < e_i \leqslant 24$。因为同一时间只能安排一个活动,若安排第 i 个活动,则时间段 $[b_i, e_i)$ 被占用。若 $[b_i, e_i)$ 与 $[b_j, e_j)$ 两区间不相交,则称为活动相容(可以先后安排活动 i 和活动 j),否则活动冲突(只能安排活动 i,不能安排活动 j)。活动安排问题就是求出活动集合中最大的相容活动子集。

表 6-1 中给出了有 10 个活动安排的示例活动时间列表。根据表 6-1,可以绘制出如图 6-1 所示的活动时间线。根据表 6-1 中的数据与图 6-1 中的图示,可以得到许多满足相容条件的活动安排序列,如{1,4,7,8,9}、{1,3,7,8,9}、{2,4,6,8,9}和{2,4,7,8,9}等活动安排都符合条件且活动数目一样多。在众多可行方案中,{1,4,7,8,9}是推荐的方案,因为同样数量条件下,该活动安排方案安排的活动数目最多且对礼堂占用时间更少。

表 6-1 计划活动时间表

活动编号	1	2	3	4	5	6	7	8	9	10
开始时间	8	9	10	11	13	14	15	17	18	16
结束时间	10	11	15	14	16	17	17	18	20	19

活动安排过程中,选择下一活动时可以分别尝试以下的贪心策略:
(1) 在尚未安排的活动中选择最早开始且不冲突的活动;
(2) 选择持续时间最短且不冲突的活动;
(3) 选择最早结束且不冲突的活动。

活动安排的选择过程与操作系统中的作业调度有相似之处。为了保证处理机能够达到最大利用率,需要安排尽可能多的任务;同时,还要保证各个任务都有执行的机会,需要注意那些开始较早且持续时间较长的任务。如果只考虑活动尽早开始,就可能出现某一任务占用时间长而导致实际安排活动数变少的情况;如果只考虑时间短,也有可能会出现持续时间短,但其开始时间晚的活动。因此,最早结束且不冲突的活动就是唯一可选择的

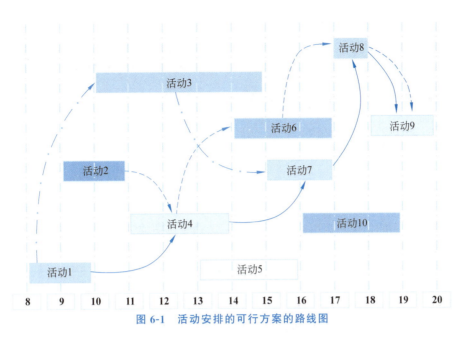

图 6-1 活动安排的可行方案的路线图

贪心策略,而且最早结束时间就意味着开始时间早并且持续时间短。

算法的处理过程如下。

(1) 为 N 个待安排的活动从小到大使用 $1\sim N$ 进行编号,将所有活动按结束时间升序排列,若出现相同记录则按开始时间降序排序(结束时间相同时,开始时间晚则持续时间短)。

(2) 选择与当前活动相容的第 1 个结束时间最早的活动,用 last_meet 保存刚选中的会议的结束时间。

(3) 从尚未安排的活动中选择下一个活动时,将候选活动标记为 i。若活动 i 的开始时间大于 last_meet 则其为相容活动,否则舍弃并检查下一候选项。

6.3.1 活动安排过程分析

下面以表 6-1 中的活动为例,分析用贪心算法求解活动安排的过程。

(1) 构建活动列表。

活动编号	1	2	3	4	5	6	7	8	9	10
开始时间	8	9	10	11	13	14	15	17	18	16
结束时间	10	11	15	14	16	17	17	18	20	19

(2) 按活动结束时间升序排序列表。

活动编号	1	2	4	3	5	7	6	8	10	9
开始时间	8	9	11	10	13	15	14	17	16	18
结束时间	10	11	14	15	16	17	17	18	19	20

(3)选择第 1 个活动。

选择第 1 个活动时,last_meet 为 0,未安排活动中编号为 1 的活动结束时间最早且相容,选择 1 号活动,同时将 last_meet 置为其结束时间 10,即 last_meet=10。

活动编号	**1**	2	4	3	5	7	6	8	10	9
开始时间	**8**	9	11	10	13	15	14	17	16	18
结束时间	**10**	11	14	15	16	17	17	18	19	20

(4)选择第 2 个活动。

选择第 2 个活动时,last_meet 为 10,未安排活动中编号为 2 的活动结束时间最早但不相容,编号为 4 的活动结束时间最早且相容,选择 4 号活动,同时将 last_meet 置为其结束时间 14,即 last_meet=14。

活动编号	1	2	**4**	3	5	7	6	8	10	9
开始时间	8	9	**11**	10	13	15	14	17	16	18
结束时间	10	11	**14**	15	16	17	17	18	19	20

(5)选择第 3 个活动。

选择第 3 个活动时,last_meet 为 14,未安排活动中编号为 3 和 5 的活动不相容,编号为 7 的活动结束时间最早且相容(6 号也相容,但 7 号的开始时间更晚),选择 7 号活动,同时将 last_meet 置为其结束时间 17,即 last_meet=17。

活动编号	1	2	**4**	3	5	**7**	6	8	10	9
开始时间	8	9	**11**	10	13	**15**	14	17	16	18
结束时间	10	11	**14**	15	16	**17**	17	18	19	20

(6)选择第 4 个活动。

选择第 4 个活动时,last_meet 为 17,未安排活动中编号为 6 的活动不相容,编号为 8 的活动结束时间最早且相容,选择 8 号活动,同时将 last_meet 置为其结束时间 18,即 last_meet=18。

活动编号	1	2	**4**	3	5	**7**	6	**8**	10	9
开始时间	8	9	**11**	10	13	**15**	14	**17**	16	18
结束时间	10	11	**14**	15	16	**17**	17	**18**	19	20

(7)选择第 5 个活动。

选择第 5 个活动时,last_meet 为 18,未安排活动中编号为 10 的活动不相容,编号为 9 的活动结束时间最早且相容,选择 9 号活动,同时将 last_meet 置为其结束时间 20,即 last_meet=20。

活动编号	1	2	4	3	5	7	6	8	10	9
开始时间	8	9	11	10	13	15	14	17	16	18
结束时间	10	11	14	15	16	17	17	18	19	20

至此,活动安排结束,选择的活动序列为{1,4,7,8,9}。

6.3.2 活动安排代码分析

假设需要安排的活动是会议,为表示会议信息定义 Meeting 结构体,包括起始时间、终止时间和分配的序号。通过使用 meeting_sort()函数实现对会议按指定关键字进行冒泡排序。meeting_sort()函数包括 3 个参数,meetings[]是会议列表,用于保存各项会议信息;size 为会议数目;参数 int(*pComparator)(struct Meeting,struct Meeting)为通用的排序函数指针。

为了达到排序函数通用的目标,采用泛型思想将 meeting_sort()函数的第三个参数设置为一个函数指针,其功能是比较两个 Meeting 结构体变量的大小。meeting_cmp()函数用于对两个 Meeting 结构体变量进行比较,以会议结束时间(升序)作为第一关键字,以会议开始时间(降序)作为第二关键字。

meeting_selection()函数实现会议时间安排。函数中首先将各个会议进行排序,然后使用贪心算法对各个会议进行选择,同时输出选择的结果。

实现代码如下。

程序清单 6-2 ex6_2meetings.c

```
1    #define _CRT_SECURE_NO_WARNINGS
2    #include<stdio.h>
3    #include<stdlib.h>
4    #define MAX 101
5    struct Meeting
6    {
7        int start;//开始时间
8        int finish;//结束时间
9        int order;//编号
10   };
11   //活动比较函数。第一关键字为结束时间(升序),第二关键字为开始时间(降序)
12   int meeting_cmp(struct Meeting m1,struct Meeting m2)
13   {
14       if(m1.finish == m2.finish)
15           return m1.start > m2.start;
16       return m1.finish < m2.finish;
17   }
18   //会议结构体数组的冒泡排序:第 3 个参数为两个 Meeting 结构变量比较函数的指针
19   void meeting_sort(struct Meeting meetings[],int size,int(*pComparator)
     (struct Meeting,struct Meeting))
```

```
20  {
21      int i, j;
22      struct Meeting temp;
23      for(i =0; i < size -1; i++)
24          for(j = size -1; j > i; j--)
25              if(pComparator(meetings[j], meetings[j -1]))
26              {
27                  temp = meetings[j];
28                  meetings[j]= meetings[j -1];
29                  meetings[j -1]= temp;
30              }
31  }
32  void meeting_selection(struct Meeting meetings[],int n)
33  {
34      int i, last_meet =0;           //第1个会议总是被选择
35      meeting_sort(meetings, n, meeting_cmp);
36      printf("会议安排如下：\n");
37      printf("%d ",meetings[last_meet].order);
38      for(i =1; i < n; i++)
39      {
40          if(meetings[i].start >= meetings[last_meet].finish)
41          {
42              last_meet = i;
43              printf("%d ",meetings[last_meet].order);
44          }
45      }
46  }
47  int main()
48  {
49      int t, n;                      //测试用例组数、会议数目
50      int i, start[MAX], finish[MAX];
51      struct Meeting meetings[MAX];
52      scanf("%d",&t);//1
53      while(t--)
54      {
55          scanf("%d",&n);//10
56          //8  9 10 11 13 14 15 17 18 16
57          //10 11 15 14 16 17 17 18 20 19
58          for(i =0; i < n; i++)
59              scanf("%d",&start[i]);
60          for(i =0; i < n; i++)
61          {
62              scanf("%d",&finish[i]);
63              meetings[i].start = start[i];
64              meetings[i].finish = finish[i];
65              meetings[i].order = i +1;
66          }
67          meeting_selection(meetings, n);
68          printf("\n");
```

```
 69         }
 70         system("pause");
 71         return 0;
 72  }
```

运行结果如下。

```
1 10
 8  9 10 11 13 14 15 17 18 16
10 11 15 14 16 17 17 18 20 19
会议安排如下:
1 4 7 8 9
```

6.4 最优装载问题

某收藏家要将自己毕生收藏的 n 件孤品古董捐献给博物馆,现在需要将这些古董使用卡车运送到博物馆。设卡车的载重量为 C,编号为 i 的古董重量为 w_i。在不考虑体积的前提下,尽可能将更多的古董装上卡车。

设待求解的目标为 f,可以将问题抽象出数学模型,如式(6.1)所示。

$$f = \max \sum_{i=1}^{n} x_i \tag{6.1}$$

式(6.1)服从条件 $\sum_{i=1}^{n} w_i x_i \leqslant C$,其中 $1 \leqslant i \leqslant n, x_i = 0$ 或 $x_i = 1$。

解决装载问题的思路如下。

(1) 将所有古董按重量升序排序;

(2) 始终选择重量较小的古董,直到所选古董的总重量超过卡车载重。

6.4.1 最优装载问题过程分析

设卡车的载重 $C = 100\text{kg}$,10 件古董重量分别为 20,20,5,25,28,10,3,4,8,9(单位为 kg),用贪心算法完成装载的过程如下。

(1) 初始条件。

初始时,设置卡车载重为 100kg,古董个数为 10,输入古董重量的同时将各个古董按顺序进行编号。

古董编号	1	2	3	4	5	6	7	8	9	10
古董重量/kg	20	20	5	25	28	10	3	4	8	9

(2) 将古董按重量升序排序。

排序后,部分重量轻的古董移动到前端。

古董编号	7	8	3	9	10	6	1	2	4	5
古董重量/kg	3	4	5	8	9	10	20	20	25	28

(3) 选择第 1 个古董。

当前所选古董重量之和 sum 为 0，选择第 7 号古董后 sum＝3＜C＝100，已选古董个数 count＝1。

古董编号	7	8	3	9	10	6	1	2	4	5
古董重量/kg	3	4	5	8	9	10	20	20	25	28
是否选择	√									

(4) 选择第 2 个古董。

当前所选古董重量之和 sum 为 3，选择第 8 号古董后 sum＝7＜C＝100，已选古董个数 count＝2。

古董编号	7	8	3	9	10	6	1	2	4	5
古董重量/kg	3	4	5	8	9	10	20	20	25	28
是否选择	√	√								

(5) 选择第 3～8 个古董。

当选择到第 8 个古董时，当前所选古董重量之和 sum 为 79，若再选择第 4 号古董，sum＋25＝104＞C＝100，不满足约束条件，算法终止。

古董编号	7	8	3	9	10	6	1	2	4	5
古董重量/kg	3	4	5	8	9	10	20	20	25	28
是否选择	√	√	√	√	√	√	√	√	×	×

6.4.2 最优装载问题代码分析

定义表示古董信息的结构体 Antique，包括编号和重量两部分。antique_sort()函数利用冒泡排序方法对古董结构体数组按重量升序排序。根据泛型思想，antique_sort()函数在排序时通过函数指针调用 antique_comp()函数实现两古董按重量比较。在 main()函数中利用贪心算法实现古董选择，选择后输出相关信息。

实现代码如下。

程序清单 6-3　ex6_3loading.c

```
1   #define _CRT_SECURE_NO_WARNINGS
2   #include<stdio.h>
3   #include<stdlib.h>
4   #define MAX 101
5   struct Antique
6   {
7       int no;                //编号
8       double weight;         //重量
9   };
```

```c
10  //古董比较函数。第一关键字为重量(升序),第二关键字为编号(升序)
11  int antique_comp(struct Antique a1,struct Antique a2)
12  {
13      if(a1.weight == a2.weight)
14          return a1.no < a2.no;
15      return a1.weight < a2.weight;
16  }
17  //古董结构体数组的冒泡排序:参数3为两个结构体变量比较大小函数的指针
18  void antique_sort(struct Antique antiques[], int size, int ( * pComparator)
    (struct Antique,struct Antique))
19  {
20      int i, j;
21      struct Antique temp;
22      for(i =0; i < size -1; i++)
23          for(j = size -1; j > i; j--)
24              if(pComparator(antiques[j], antiques[j -1]))
25              {
26                  temp = antiques[j];
27                  antiques[j]= antiques[j -1];
28                  antiques[j -1]= temp;
29              }
30  }
31  int main()
32  {
33      struct Antique antiques[MAX];
34      double capacity, sum;
35      int i, n, count;
36      printf("请输入卡车的载重及古董个数\n");
37      scanf("%lf%d",&capacity,&n);//100 10
38      printf("请输入每个古董的重量\n");
39      //20 20 5 25 28 10 3 4 8 9
40      for(i =0; i < n; i++)
41      {
42          antiques[i].no = i +1;
43          scanf("%lf",&antiques[i].weight);
44      }
45      antique_sort(antiques, n, antique_comp);
46      sum =0.0;          //装载到车上的古董的重量
47      count =0;          //已经装载的古董个数
48      for(i =0; i < n; i++)
49      {
50          sum += antiques[i].weight;
51          if(sum <= capacity)
52              count++;
53          else
54              break;
55      }
56      printf("卡车能装入的古董最大数量为:%d\n",count);
57      printf("古董编号为");
```

```
58          for(i =0; i < count; i++)
59              printf("%d ",antiques[i].no);
60          printf("\n");
61          system("pause");
62          return 0;
63      }
```

运行结果如下。

```
请输入卡车的载重及古董个数
100 10
请输入每个古董的重量
20 20 5 25 28 10 3 4 8 9
卡车能装入的古董最大数量为:8
古董编号为 7 8 3 9 10 6 1 2
```

6.5 可切割背包问题

很久以前,有个穷苦的孩子叫巴巴,巴巴热心肠,乡亲们都喜欢他。巴巴靠打柴为生,每天赶着毛驴到山中砍柴,再驮到集市去卖。有一天,巴巴砍好柴准备下山时,突然掉进了山洞,发现山洞里堆满了强盗们抢夺的金银珠宝。为了让乡亲们过上幸福的生活,巴巴决定将宝物带回来分给乡亲们。他无法确定该带回哪种宝物,于是决定一种宝物只拿一个,如果宝物太重就凿开。毛驴能驮的重量是有限的,如何才能用毛驴运走最大价值的财宝分给乡亲们呢?巴巴陷入沉思中……

假设山洞中有 n 种宝物,每种宝物都是独一无二的,第 i 件宝物的重量为 w_i,价值为 v_i,小毛驴每次只能驮重量为 m 的物品。若宝物可以分割,怎样选取才能获得最大价值来帮助穷苦的乡亲呢?

每样宝物都有重量和价值两个需要考虑的因素,若只考虑宝物的价值就可能出现某件宝物价值虽然高但重量非常大,若仅考虑重量问题则有可能出现某件宝物虽然重量小但其价值却极低。由此可见,需要综合考虑宝物的重量与价值,选择价值比最高的宝物才更符合要求。

解决问题的思路如下。

(1) 计算宝物的价值比,并将所有宝物按价值比降序排序。

(2) 始终选择价值比最高的宝物,直到所选宝物的总重量达到小毛驴的负重上限。当选择最后一件宝物时,该宝物可能被分割。

6.5.1 可切割背包问题分析

设毛驴的负重 $C=140\text{kg}$,7 件古董重量和价值分别为 (35,10),(30,40),(50,30),(60,50),(40,35),(10,40),(25,30),用贪心算法完成装载的过程如下。

(1) 初始条件。

初始时,设置毛驴负重为 140kg,宝物件数为 7,输入宝物重量和价值,并为各件宝物按顺序进行编号。

宝物编号	1	2	3	4	5	6	7
宝物重量/kg	35	30	50	60	40	10	25
宝物价值	10	40	30	50	35	40	30

(2) 将宝物按价值比降序排序。

排序后,价值比高的宝物移动到前端,部分宝物的排列次序发生变化。

宝物编号	6	2	7	5	4	3	1
宝物重量/kg	10	30	25	40	60	50	35
宝物价值	40	40	30	35	50	30	10
宝物价值比	4.000	1.333	1.200	0.875	0.833	0.599	0.285

(3) 选择第 1 件宝物。

当前所选物重量之和 dead_weight 为 0,选择第 6 号宝物后,所选宝物重量 dead_weight＝10＜140、价值 sum＝40,已选宝物个数 count＝1。

宝物编号	6	2	7	5	4	3	1
宝物重量/kg	10	30	25	40	60	50	35
宝物价值	40	40	30	35	50	30	10
宝物价值比	4.000	1.333	1.200	0.875	0.833	0.599	0.285
是否选择	√						

(4) 选择第 2 件宝物。

选择第 2 号宝物后,所选宝物重量 dead_weight＝40＜140、价值 sum＝80,已选宝物件数 count＝2。

宝物编号	6	2	7	5	4	3	1
宝物重量/kg	10	30	25	40	60	50	35
宝物价值	40	40	30	35	50	30	10
宝物价值比	4.000	1.333	1.200	0.875	0.833	0.599	0.285
是否选择	√	√					

(5) 选择第 3 和第 4 件宝物。

选择第 7 和第 5 号宝物后,所选宝物重量 dead_weight＝105＜140、价值 sum＝145,已选宝物件数 count＝4。

宝物编号	6	2	7	5	4	3	1
宝物重量/kg	10	30	25	40	60	50	35

续表

宝物价值	40	40	30	35	50	30	10
宝物价值比	4.000	1.333	1.200	0.875	0.833	0.599	0.285
是否选择	√	√	√	√			

(6) 选择第 5 件宝物。

选择第 5 件宝物时出现分割问题,若选择 4 号宝物则 dead_weight+60=165>140、价值 sum=195,需要将之分割为 35+25。最终,dead_weigh 为 140,sum 为 174.16。

宝物编号	6	2	7	5	4.1	4.2	3	1
宝物重量/kg	10	30	25	40	35	25	50	35
宝物价值	40	40	30	35	29.16	20.84	30	10
宝物价值比	4.000	1.333	1.200	0.875	0.833	0.833	0.599	0.285
是否选择	√	√	√	√	√	×	×	×

6.5.2 可切割背包代码分析

定义表示宝物信息的结构体 Treasure,包括重量、价值、单位价值和编号。基于泛型思想,通过函数指针调用 treasure_comp() 函数实现两宝物按价值比进行比较。通过 treasure_sort() 函数利用冒泡排序方法对宝物结构体数组按价值比降序排序。在 main() 函数中利用贪心算法实现宝物选择,选择后输出相关信息。

实现代码如下。

程序清单 6-4 ex6_4divisibleBag.c

```
1   #define _CRT_SECURE_NO_WARNINGS
2   #include<stdio.h>
3   #include<stdlib.h>
4   #define MAX 1001
5   struct Treasure
6   {
7       double weight;          //重量
8       double value;           //价值
9       double cost;            //单位价值
10      int no;                 //编号
11  };
12  //宝物比较函数。第一关键字为价值比(降序),第二关键字为价值(降序)
13  int treasure_comp(struct Treasure t1,struct Treasure t2)
14  {
15      if(t1.cost == t2.cost)
16          return t1.value > t2.value;
17      return t1.cost > t2.cost;
```

```
18  }
19  //宝物结构体数组的冒泡排序：参数3为两个Treasure结构体变量比较函数的指针
20  void treasure_sort(struct Treasure treasures[], int size, int (*pComparator)(struct Treasure, struct Treasure))
21  {
22      int i, j;
23      struct Treasure temp;
24      for(i = 0; i < size - 1; i++)
25          for(j = size - 1; j > i; j--)
26              if(pComparator(treasures[j], treasures[j - 1]))
27              {
28                  temp = treasures[j];
29                  treasures[j] = treasures[j - 1];
30                  treasures[j - 1] = temp;
31              }
32  }
33  int main()
34  {
35      struct Treasure treasures[MAX];
36      double tolerance = 1e-5;                           //浮点容差范围
37      int i, j, n;                                       //宝物个数
38      double dead_weight;                                //载重量
39      double sum = 0.0;                                  //已装载宝物的价值和
40      int part_load = 0;                                 //部分装载标志
41      printf("请输入宝物数量及小毛驴的负重能力\n");
42      scanf("%d%lf", &n, &dead_weight);//7 140
43      printf("请输入每件宝物的重量和价值\n");
44      //35 10   30 40    50 30    60 50    40 35    10 40    25 30
45      for(i = 0; i < n; i++)
46      {
47          scanf("%lf%lf", &treasures[i].weight, &treasures[i].value);
48          treasures[i].no = i + 1;
49          treasures[i].cost = treasures[i].value / treasures[i].weight;
50      }
51      treasure_sort(treasures, n, treasure_comp);
52  
53      for(i = 0; i < n; i++)                             //贪心选择
54      {
55          if(dead_weight >= treasures[i].weight)         //宝物重量小于剩余载重
56          {
57              dead_weight -= treasures[i].weight;
58              sum += treasures[i].value;
59              if(dead_weight < tolerance)                //剩余载重小于容差范围
60                  break;
61          }
62          else//宝物重量大于剩余载重则部分装入
63          {
64              sum += dead_weight * treasures[i].cost;
65              part_load = 1;
```

```
66              break;
67          }
68      }
69      printf("装入宝物的最大价值:%lf\n",sum);
70      for(j = 0; j <= i; j++)
71          printf(" %d",treasures[j].no);
72      if(part_load)
73          printf("(部分装载)");
74      printf("\n");
75      system("pause");
76      return 0;
77  }
```

运行结果如下。

```
请输入宝物数量及小毛驴的负重能力
7 140
请输入每件宝物的重量和价值
35   10
30   40
50   30
60   50
40   35
10   40
25   30
装入宝物的最大价值:174.167
 6 2 7 5 4(部分装载)
```

```
请输入宝物数量及小毛驴的负重能力
5 15
请输入每件宝物的重量和价值
5     12.5
2.5 8.75
7.5 11.25
10    4
20    3
装入宝物的最大价值:32.5
 2 1 3
```

6.6 删数问题

有一个 n 位整数 N,删除其中任意 k 位($1 \leqslant k \leqslant n$),将剩余的数字按原来的相对次序排列组成一个新的整数 M。根据给定的 N 和 k,寻找一种算法使得 M 值最小。例如,6 位数的整数 $N=178906$,删除 $k=4$ 位之后,获得的最小值 $M=6$。

最容易想到的解题思路就是每次挑选剩余数位中最大的数值。例如,$N=178906$ 删除 1 位时,选择最大的数值 9,删除后 $N_1=17806$,结果正确;按此规则继续删除第 2 位后,$N_2=1706$,结果正确;继续删除第 3 位,$N_3=106$,结果依然正确;删除第 4 位时,$N_4=10$,与实际的最小值 6 不同,结果不正确。

解决问题的根本是每次删除 1 个数字时,总是选择使剩余数字最小的那个,这个特殊的数字称作"最陡下降点"。利用"最陡下降点"优先的方法解决删数问题就是贪心的思想。

处理过程中,从左向右扫描各个数位上的数值,即从高位到低位进行扫描:

(1) 若存在递增序列 $x_1 < x_2 < \cdots < x_i < \cdots < x_j$,找到并删除 x_j,其余各位组成新的数字;

(2) 否则,删除 x_1,同时清除首部可能出现的无效 0。

本书不给出"最陡下降点"优先算法的最优子结构的证明,只给出利用拟合工具画出的示意图,如图 6-2 所示。从原始序列删除第 1 位数字 9,第 2 位数字 8,第 3 位数字 7 后,可以看到曲线不断向右、向下移动,与坐标轴所形成的包围区域逐渐缩小,从而可以佐证算法的有效性。

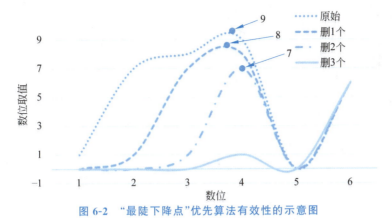

图 6-2 "最陡下降点"优先算法有效性的示意图

实现代码如下。

程序清单 6-5　ex6_5deleteNumbers.c

```c
1   #define _CRT_SECURE_NO_WARNINGS
2   #include<stdio.h>
3   #include<stdlib.h>
4   #include <string.h>
5   #define MAX 101
6   int main()
7   {
8       char digits[MAX];           //原始数字串
9       int i, j;
10      //删除数字且去掉前导空格后的数字,待删除数字个数
11      int left, dels, len, z;
12      scanf("%s%d",&digits,&dels);//178543 4
13      len = strlen(digits);
14      for(i =1; i <= dels; i++)
15      {
16          for(j =0; j < len; j++)
17          {
18              //查找第1个下降点
19              //删除下降点第1个数字并前移后续数字
20              if(digits[j]> digits[j +1])
21              {
22                  for(z = j; z < len; z++)
23                      digits[z]= digits[z +1];
24                  break;
25              }
26          }
27          len--;          //数字的删除导致实际长度变短:下次循环使用
28      }
29      j =0;
```

```
30        left = len;
31        //去掉由于删除而产生的前导 0
32        while(digits[j]=='0'&& left >1)
33        {
34            j++;
35            left--;
36        }
37        //输出处理后的数字串
38        for(i = j; i < len; i++)
39            printf("%c",digits[i]);
40        system("pause");
41        return 0;
42    }
```

运行结果如下。

请输入数字N及待删除个数
178543 4
删除后的结果为：13

请输入数字N及待删除个数
178906 4
删除后的结果为：6

6.7 操作系统内存分配

操作系统能够为用户提供便捷友好的界面及使用环境,保证计算机能协调、高效和可靠地工作。计算机操作系统有处理机管理、存储管理、设备管理、文件管理、进程/作业管理五大功能。存储管理功能主要是对计算机内存的管理,包括内存空间分配、回收及保护等。在操作系统进行内存分配时,有如下 4 种常见的内存管理技术。

(1) 单个连续分配。

除了操作系统保留的部分内存外,所有内存都可分配给进程使用,MS-DOS 就使用这种最简单的内存分配方法。

(2) 分区分配。

将内存划分为不同的块或分区,根据每个进程的需求进行分配。

(3) 分页内存管理。

在虚拟存储管理中,将内存分为固定大小的页(通常是 4KB),按页进行分配。

(4) 分段内存管理。

将内存按照功能分成不同的段,包括数据段、代码段等逻辑分组。在大多数操作系统当中,分段式和分页式内存管理是配合使用的。

在内存的分区分配方案中,当进程请求内存分配时,若有多个可用分区满足请求时就涉及如何分配的问题。有如下 4 种典型的分区分配方案。

(1) First Fit(最先匹配)。

每次进行内存分配时,分配的分区是自顶向下第一个空间足够的内存块。

(2) Best Fit(最佳匹配)。

为进程分配内存时,所分配的分区是可用空闲分区中满足要求的最小分区。

(3) Worst Fit(最差匹配)。

分配分区的原则是可用空闲分区中满足要求的最大分区。

(4) Next Fit(下一匹配)。

类似于 First Fit,分配方向是从最后一个分配点向前搜索。

假设系统可用空闲分区如图 6-3(a)所示,现在需要请求 16MB 的内存块,图 6-3(b)给出了 First Fit、Best Fit 和 Worst Fit 3 种分配方式所对应的方案。

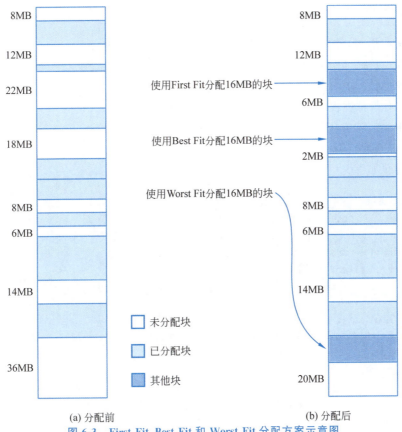

图 6-3 First Fit、Best Fit 和 Worst Fit 分配方案示意图

在各种分配方案中,没有方案可以适应所有情况,每种方案都有各自的局限。最佳匹配可以最大限度地减少浪费空间,但需要花费时间搜索恰好匹配的块。在某些情况下,最佳匹配的性能可能比其他算法差。下面通过实例来比较 3 种分配方案的分配结果。

假设有内存分配请求依次为 $r_1=300KB, r_2=25KB, r_3=125KB, r_4=50KB$,系统可用的空闲内存块有 $fb_1=150KB, fb_2=350KB$,First Fit 和 Best Fit 分配方案中哪种更合理?

(1) Best Fit 分配方案。

从 $fb_2=350KB$ 中为 r_1 分配 300KB,即 $fb_3=fb_2-300KB=50KB$;从 $fb_3=50KB$ 中为 r_2 分配 25KB,即 $fb_4=25KB$;从 $fb_1=150KB$ 中为 r_3 分配 125KB,即 $fb_5=25KB$。此时,有 $fb_4=25KB$ 和 $fb_5=25KB$ 两个有效块,但却无法为 $r_4=50KB$ 分配。因此,该方案

不是最佳方案。

(2) First Fit 分配方案。

从 $fb_2 = 350KB$ 中为 r_1 分配 300KB，即 $fb_3 = fb_2 - 300KB = 50KB$；从 $fb_1 = 150KB$ 中为 r_2 分配 25KB，即 $fb_4 = 125KB$；从 $fb_4 = 125KB$ 中为 r_3 分配 125KB；从 $fb_3 = 50KB$ 中为 r_4 分配 50KB。此时，所有请求都得到合理分配。因此，对于当前请求序列，First Fit 为最佳分配方案。

6.7.1 First Fit 内存分配

基于贪心思想，使用 First Fit 进行内存分配的处理过程如下。

(1) 输入系统可用空闲内存块大小和各进程的待分配需求。

(2) 将所有系统内存块初始化为空闲块。

(3) 针对每个进程的请求 r_i，从头至尾检查可用空闲块 $b_k (1 \leqslant k \leqslant n)$ 是否可以分配给当前请求：①若空闲块大于或等于请求块，则进行分配并检查下一个进程请求；②否则，继续检查其他空闲块是否满足进程请求。

实现代码如下。

程序清单 6-6 ex6_6_1firstFit.c

```
1   #define _CRT_SECURE_NO_WARNINGS
2   #include<stdio.h>
3   #include<stdlib.h>
4   //使用 First Fit 算法分配内存块
5   void first_fit(int bsize[],int m,int psize[],int n,int allocation[])
6   {
7       int i, j;
8       //使用贪心算法寻找第一个满足可分配大小的块
9       for(i =0; i < n; i++)
10      {
11          for(j =0; j < m; j++)
12          {
13              if(bsize[j]>= psize[i])
14              {
15                  //保存块 ID,修改剩余块大小,该进程块分配结束
16                  allocation[i]= j;
17                  bsize[j]-= psize[i];
18                  break;
19              }
20          }
21      }
22  }
23  //输出块分配信息
24  void disp_allocation(int allocation[],int psize[],int n)
25  {
26      int i;
```

```
27          printf("使用 First Fit 算法为进程分配内存块\n进程编号    所需内存    分配块号\n");
28          for(i =0; i < n; i++)
29          {
30              printf("%2d%12d",i +1,psize[i]);
31              if(allocation[i]!=-1)
32                  printf("%12d",allocation[i]+1);
33              else
34                  printf("         无法分配");
35              printf("\n");
36          }
37      }
38  int main()
39  {
40      int bsize[]={100,500,200,300,600};
41      int psize[]={212,417,112,426};
42      int allocation[]={-1,-1,-1,-1};          //保存块分配信息
43      int m =sizeof(bsize)/sizeof(bsize[0]);
44      int n =sizeof(psize)/sizeof(psize[0]);
45      first_fit(bsize, m, psize, n, allocation);
46      disp_allocation(allocation, psize, n);
47      system("pause");
48      return 0;
49  }
```

设系统可用空闲块有{100KB,500KB,200KB,300KB,600KB},进程的请求块大小分别为{212KB,417KB,112KB,426KB},以 First Fit 方案进行内存块分配,运行结果如下。

```
使用First Fit算法为进程分配内存块
进程编号    所需内存    分配块号
1           212         2
2           417         5
3           112         2
4           426         无法分配
```

6.7.2 Best Fit 内存分配

基于贪心思想,使用 Best Fit 进行内存分配的处理过程如下。

(1) 输入系统可用空闲内存块大小和各进程的待分配需求。

(2) 将所有系统内存块初始化为空闲块。

(3) 针对每个进程的请求 r_i,从头至尾检查满足 $\min(b_1,b_2,\cdots,b_n) > r_i$ 的可用空闲块:①若 b_k 满足条件,则进行分配,否则请求 r_i 分配失败;②继续检查下一个进程请求 r_{i+1}。

实现代码如下。

程序清单 6-7 ex6_6_2bestFit.c
```
1   #define _CRT_SECURE_NO_WARNINGS
2   #include<stdio.h>
3   #include<stdlib.h>
```

```c
4   //使用Best Fit算法分配内存块
5   void best_fit(int bsize[],int m,int psize[],int n,int allocation[])
6   {
7       int i, j, bestIdx;
8       for(i =0; i < n; i++)              //使用贪心算法寻找最适合的可分配的块
9       {
10          bestIdx =-1;
11          for(j =0; j < m; j++)
12          {
13              if(bsize[j]>= psize[i])
14              {
15                  if(bestIdx ==-1)
16                      bestIdx = j;
17                  else if(bsize[bestIdx]> bsize[j])
18                      bestIdx = j;
19              }
20          }
21          //找到最适合的块
22          if(bestIdx !=-1)               //保存块ID、修改剩余块大小
23          {
24              allocation[i]= bestIdx;
25              bsize[bestIdx]-= psize[i];
26          }
27      }
28  }
29  //输出块分配信息
30  void disp_allocation(int allocation[],int psize[],int n)
31  {
32      int i;
33      printf("使用Best Fit算法为进程分配内存块\n进程编号    所需内存    分配块号\n");
34      for(i =0; i < n; i++)
35      {
36          printf("%2d%12d", i +1, psize[i]);
37          if(allocation[i]!=-1)
38              printf("%12d", allocation[i]+1);
39          else
40              printf("         无法分配");
41          printf("\n");
42      }
43  }
44  int main()
45  {
46      int bsize[]={100,500,200,300,600};
47      int psize[]={212,417,112,426};
48      int allocation[]={-1,-1,-1,-1};         //保存块分配信息
49      int m =sizeof(bsize)/sizeof(bsize[0]);
```

```
50      int n =sizeof(psize)/sizeof(psize[0]);
51      best_fit(bsize, m, psize, n, allocation);
52      disp_allocation(allocation, psize, n);
53      system("pause");
54      return 0;
55  }
```

设系统可用空闲块有{100KB,500KB,200KB,300KB,600KB},进程的请求块大小分别为{212KB,417KB,112KB,426KB},以 Best Fit 方案进行内存块分配,运行结果如下。

```
使用Best Fit算法为进程分配内存块
进程编号    所需内存   分配块号
1          212       4
2          417       2
3          112       3
4          426       5
```

6.7.3 Worst Fit 内存分配

基于贪心思想,使用 Worst Fit 进行内存分配的处理过程如下。

(1) 输入系统可用空闲内存块大小和各进程的待分配需求。

(2) 将所有系统内存块初始化为空闲块。

(3) 针对每个进程的请求 r_i,从头至尾检查满足 $\max(b_1,b_2,\cdots,b_n) > r_i$ 的可用空闲块:①若 b_k 满足条件,则进行分配,否则请求 r_i 分配失败;②继续检查下一个进程请求 r_{i+1}。

实现代码如下。

程序清单 6-8 ex6_6_3worstFit.c

```
1   #define _CRT_SECURE_NO_WARNINGS
2   #include<stdio.h>
3   #include<stdlib.h>
4   //使用 Worst Fit 算法分配内存块
5   void worst_fit(int bsize[],int m,int psize[],int n,int allocation[])
6   {
7       int i, j, wstIdx;
8       for(i =0; i < n; i++)          //使用贪心算法寻找最适合的可分配的块
9       {
10          wstIdx =-1;
11          for(j =0; j < m; j++)
12          {
13              if(bsize[j]>= psize[i])
14              {
15                  if(wstIdx ==-1)
16                      wstIdx = j;
17                  else if(bsize[wstIdx]< bsize[j])
18                      wstIdx = j;
19              }
20          }
```

```c
21          //找到最适合的块
22          if(wstIdx !=-1)         //保存块 ID、修改剩余块大小
23          {
24              allocation[i]= wstIdx;
25              bsize[wstIdx]-= psize[i];
26          }
27      }
28  }
29  //输出块分配信息
30  void disp_allocation(int allocation[],int psize[],int n)
31  {
32      int i;
33      printf("使用 Worst Fit 算法为进程分配内存块\n进程编号    所需内存    分配块号\n");
34      for(i =0; i < n; i++)
35      {
36          printf("%2d%12d",i +1, psize[i]);
37          if(allocation[i]!=-1)
38              printf("%12d", allocation[i]+1);
39          else
40              printf("        无法分配");
41          printf("\n");
42      }
43  }
44  int main()
45  {
46      int bsize[]={100,500,200,300,600};
47      int psize[]={212,417,112,426};
48      //保存块分配信息
49      int allocation[]={-1,-1,-1,-1};
50      int m =sizeof(bsize)/sizeof(bsize[0]);
51      int n =sizeof(psize)/sizeof(psize[0]);
52      worst_fit(bsize, m, psize, n, allocation);
53      disp_allocation(allocation, psize, n);
54      system("pause");
55      return 0;
56  }
```

设系统可用空闲块有{100KB,500KB,200KB,300KB,600KB},进程的请求块大小分别为{212KB,417KB,112KB,426KB},以 Worst Fit 方案进行内存块分配,运行结果如下。

```
使用Worst Fit算法为进程分配内存块
进程编号    所需内存    分配块号
1           212         5
2           417         2
3           112         5
4           426         无法分配
```

算法设计练习

1. 已知具有 $N(N\leqslant 20)$ 个元素构成的序列,序列中各元素均为正整数,将序列中各元素 e_i 与系数 k_i 构成线性组合 $C=e_1k_1+e_2k_2+\cdots+e_nk_n=\sum_{i}^{n}e_ik_i,k_i=1,2,\cdots,n$,求该序列所能构成的最大线性组合值。

2. 给定一个正整数 $M(1\leqslant M\leqslant 1000000)$,寻找一个整数 N,它是大于 M 的最小整数,其二进制形式中的 1 的个数与 M 的二进制形式中 1 的数目相同。例如,对于给定数值 78,它的二进制形式为"1001110",其中包含 4 个 1,大于 78 的最小整数为 83,其二进制形式为"1010011"且其中包含 4 个"1"。

3. 计算给定金额 $M(M<100000000)$,计算其可兑换各个面额(100,50,20,10,5,1)的纸币的数量,要求纸币数量最小。

4. 设有 $n(n\leqslant 20)$ 个正整数,每个整数均不大于 2147483647,将它们连接成一排组成一个最大的多位整数。例如,输入 3 个整数 13,312,343 时,连接成的最大整数为 34331213。

5. 超市里有 n 个产品要卖,每个产品都有一个截止时间,只有在这个截止时间之前卖出才能获得相应的利润。每卖一个产品要占用 1 个单位的时间,计算商店营业后能够获得的最大利润。例如,输入 7 个商品的利润和截止时间为 20 1 2 1 10 3 100 2 8 2 5 20 50 10 时(其中,第 1 项为利润,第 2 项为截止时间,两项构成 1 个产品的信息),能获得的最大利润为 185。

第 7 章

分治算法

"分而治之"的思想在各个领域都是非常有效的策略。分治,简而言之就是把复杂的问题分解成若干相同或相似的子问题,通过求解子问题、合并子问题的解来获得原问题的解。《孙子兵法·虚实篇》中"我专为一,敌分为十,是以十共其一也",首辅大臣索尼给康熙关于"先安内(鳌拜)而后攘外(吴三桂)"的平乱策略,都是古代分而治之的典型应用。高等代数中,在求解线性方程组和矩阵化简时使用的高斯消元法也都是分而治之的体现。

在计算机科学领域中,应用分治法解决问题的由来已久。在通信和图像处理中,进行时频域转换的快速傅里叶算法,邮件分发算法,以及许多高效的排序算法也都应用了分治的策略。求解这些问题时,或处理的数据量大,或求解过程复杂,要么无法直接求解,要么效率较低。这类问题通常都有某些规律可循,对问题抽象后会发现问题可以拆分成若干子问题,通过求解子问题,再将子问题的解合并获得整个问题的解。若子问题的规模仍然较大难以解决,可以继续拆分子问题,使子问题的规模不断变小直至可以求出简单解。这种问题和子问题拆分,子问题的解不断合并的方法就是分治的基本思想。因此,分治法也用 *Divide and Conquer* 来表示,分治法处理问题的基本思路如图 7-1 所示。

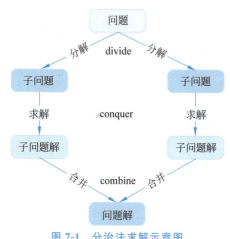

图 7-1 分治法求解示意图

通过分治算法求解问题的步骤如下。

(1) 将待求解的问题划分成若干规模较小的同类子问题;

(2) 当子问题的拆分粒度足够小且满足一定条件时,以较简单的方法得到子问题的解;

(3) 通过逐级逆向合并子问题的解构成原问题的解。

通过分治算法的描述可以发现,分治算法与递归密不可分。

(1) 问题可拆分为相同解法的子问题;

(2) 子问题的规模不断缩小;

(3) 子问题的解在出口处。

所以,分治算法通常以递归方式实现。

7.1 快速排序

快速排序是由英国计算机科学家 C.A.R.Hoare(霍尔)最早提出的。快速排序采用分治的方法将待排序的序列划分为两个子序列,然后再递归排序两个子序列。

快速排序的基本步骤如下。

(1) 选择一个元素作为基准;

(2) 以基准为参照重新排序序列,所有小于基准的元素移动到基准左侧,所有大于基准的元素移到其右侧;

(3) 对基准左侧和右侧的子序列使用相同方法进行排序,直至某子序列长度为 1 时结束该子序列的排序过程。

待排序序列自身的特性和基准的选择都对快速排序的效率有影响,根据基准选择的标准,快速排序有许多不同的版本。可以将待排序序列的第一个元素、最后一个元素或中位数作为基准,也可以随机选择序列中的某个元素作为基准。

7.1.1 快速排序过程分析

给定用数组表示的待排序序列 [15,4,21,24,85,32],将 24 作为基准,对该序列进行快速排序,过程如下。

(1) QuickSort(A,0,5)。

将序列中间的元素作为基准,用 pivot=24 表示。将所有小于 pivot=24 的元素排列在其左侧,所有大于 pivot=24 的元素排列在其右侧,处理后的数组如图 7-2 所示。

(2) QuickSort(A,0,2)。

对 24 左侧的子序列进行快速排序。取最右侧基准元素 pivot=21,所有元素均小于 pivot=21,无须移动元素,直接进行左子序列的排序工作。

(3) QuickSort(A,0,1)。

对 21 左侧子序列进行快速排序。取最右侧 pivot=4 作为基准,移动元素 15 到 4 的右侧。4 的左子序列为空,无须排序;右子序列中只有 15,QuickSort(A,1,1)只有一个元素,到达出口,如图 7-3 所示。

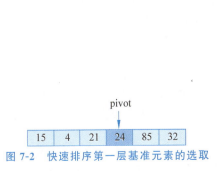

图 7-2 快速排序第一层基准元素的选取

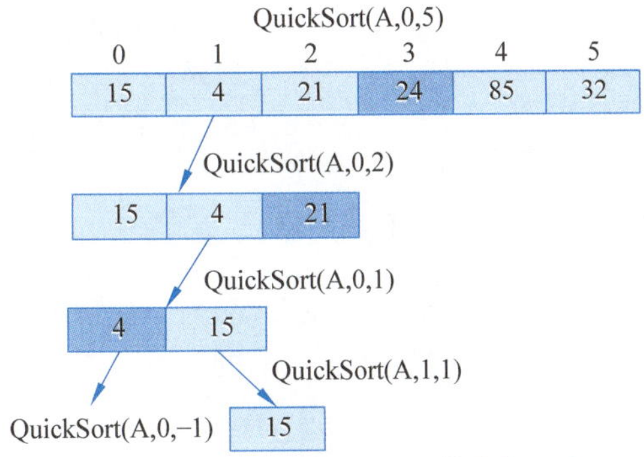

图 7-3 基准 24 左侧子序列的分解示意

(4) QuickSort(A,0,5)左半分支对应的子问题处理结束,合并结果。从出口 QuickSort(A,1,1)返回 QuickSort(A,0,1)。返回 QuickSort(A,0,2)时,QuickSort(A,0,5)左半分支处理完毕,合并后得到排序结果为{4,15,21},如图 7-4 所示。

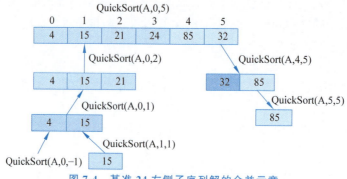

图 7-4 基准 24 左侧子序列解的合并示意

(5) QuickSort(A,4,5)对 24 右侧的子序列进行快速排序。取最右侧 pivot=32 作为基准元素,移动 85 至 32 右侧。此时,32 的左子序列为空,无须排序;32 的右子序列只有一个元素 85,QuickSort(A,5,5)只有一个元素,到达出口。

(6) QuickSort(A,0,5)右半分支对应的子问题处理结束,合并结果。从出口 QuickSort(A,5,5)返回 QuickSort(A,4,5)时,QuickSort(A,0,5)右半分支处理完毕,合并后得到排序结果为{32,85}。

(7) 合并所有子问题的解{4,15,21}、{24}和{32,85},得到快速排序的结果为{4,15,21,24,32,85},如图 7-5 所示。

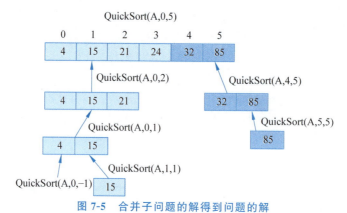

图 7-5 合并子问题的解得到问题的解

7.1.2 快速排序代码分析

实现快速排序有两个主要部分:将待排序序列以基准元素作为划分标准,分为左子序列和右子序列,完成基准元素的最终定位;以递归方式,对左子序列和右子序列进行快速排序。

quick_sort()函数有 3 个参数,arr[]为待排序的序列,left 为序列的起始位置,right 为序列的终止位置。quick_sort()函数先对待排序序列进行分区,然后以基准元素为界对左子序列和右子序列递归进行快速排序。

quick_sort()函数对待排序序列进行分区的过程中,将序列中间元素作为基准元素,在 left $\leq$ right 的前提下,从序列左、右两端开始向中间扫描,找到左侧大于基准元素的元素 m 和右侧小于基准元素的元素 n,交换 m 和 n,直到 left>right 时为止。

实现代码如下。

程序清单 7-1　ex7_1quickSort.c

```c
#define _CRT_SECURE_NO_WARNINGS
#include<stdio.h>
#include<stdlib.h>
#define MAX 101
void quick_sort(int arr[],int left,int right)
{
    int tmp, pivot, i = left, j = right;
    //pivot = arr[right];//pivot = arr[left];
    pivot = arr[(left + right)/2];
    //以基准元素进行分区
    while(i <= j)
    {
        while(arr[i]< pivot)          //左侧向右移
            i++;
        while(arr[j]> pivot)          //右侧向左移
            j--;

        if(i <= j)                    //交换左右两侧大于基准和小于基准的元素
        {
            tmp = arr[i]; arr[i]= arr[j]; arr[j]= tmp;
            i++;        j--;
        }
    }
    //递归分治
    if(left < j)
        quick_sort(arr, left, j);
    if(i < right)
        quick_sort(arr, i, right);
}
int main()
{
    int i, data[MAX], n;
    printf("请输入待排序元素个数及各个元素\n");
    scanf("%d",&n);
    for(i =0; i < n; i++)
        scanf("%d",&data[i]);
    quick_sort(data,0, n -1);

    printf("快速排序后序列\n");
```

```
40          for(i =0; i < n; i++)
41              printf(" %d", data[i]);
42          printf("\n");
43          system("pause");
44          return 0;
45      }
```

运行结果如下。

```
请输入待排序元素个数及各个元素
6
15 4 21 24 85 32
快速排序后序列
4 15 21 24 32 85
```

7.2 归并排序

归并排序是由美籍匈牙利数学家、计算机科学家 John von Neumann（约翰·冯·诺依曼）在 1945 年提出的。归并排序的核心在于其归并动作，即将两个已经有序的序列合并为一个有序序列。

归并排序的基本步骤如下。

（1）将长度为 N 的原始待排序序列分解为 2 个长度为 N/2 的子序列，将子序列分别递归分解至某个子序列只有一个元素时为止，这时所有的子序列都是有序的；

（2）将子序列两两归并，不断重复至只余一个序列为止，此时的序列即为归并排序后的序列。

7.2.1 归并排序过程分析

设待排序序列为{55,87,94,1,4,32,11,77}，对该序列归并排序的过程如图 7-6 所示。

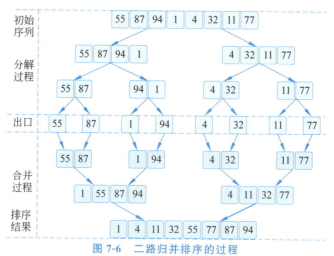

图 7-6　二路归并排序的过程

(1) 将{55,87,94,1,4,32,11,77}划分为2个子序列,第一子序列 $p_1=\{55,87,94,1\}$,第二子序列 $p_2=\{4,32,11,77\}$。

将子序列 $p_1=\{55,87,94,1\}$ 继续划分,划分为 $p_3=\{55,87\}$ 和 $p_4=\{94,1\}$,将子序列 $p_2=\{4,32,11,77\}$ 划分为 $p_5=\{4,32\}$ 和 $p_6=\{11,77\}$。

(2) 将 $p_3=\{55,87\}$ 划分为 $p_7=\{55\}$ 和 $p_8=\{87\}$,子序列 $p_4=\{94,1\}$ 划分为 $p_9=\{94\}$ 和 $p_{10}=\{1\}$,子序列 $p_5=\{4,32\}$ 划分为 $p_{11}=\{4\}$ 和 $p_{12}=\{32\}$,子序列 $p_6=\{11,77\}$ 划分为 $p_{13}=\{11\}$ 和 $p_{14}=\{77\}$。此时,子序列 $p_7 \sim p_{14}$ 均为有序的。

(3) 两两归并有序子序列将 $p_7=\{55\}$ 和 $p_8=\{87\}$ 归并为 $m_1=\{55,87\}$,将 $p_9=\{94\}$ 和 $p_{10}=\{1\}$ 归并为 $m_2=\{1,94\}$,将 $p_{11}=\{4\}$ 和 $p_{12}=\{32\}$ 归并为 $m_3=\{4,32\}$,将 $p_{13}=\{11\}$ 和 $p_{14}=\{77\}$ 归并为 $m_4=\{11,77\}$。将 m_1 和 m_2 归并为 $m_5=\{1,55,87,94\}$,将 m_3 和 m_4 归并为 $m_6=\{4,11,32,77\}$。

(4) 将 m_5 和 m_6 归并为 $m_7=\{1,4,11,32,55,77,87,94\}$。经过本次归并后,待归并序列只余1个,归并过程结束,排序后结果为 $m_7=\{1,4,11,32,55,77,87,94\}$。

7.2.2 归并排序代码分析

merge_sort()函数实现基于分治法的归并排序,可以对部分序列进行归并排序。函数有4个参数,arr[]为待排序的数组,low为待排序数组的起始下标,high为待排序的数组的结尾下标,res[]为保存临时结果的数组。在 merge_sort()函数中,先将序列划分为左右两个子序列,接下来继续对左右子序列应用 merge_sort()函数进行递归划分,直至子序列长度为1时划分结束,然后再使用 merge()函数对子序列排序结果进行归并。

归并过程使用 merge()函数完成,归并时借助辅助数组对原数组中两个区域进行合并。merge()函数包括4个参数,arr[]为包含两个待合并区域的原数组,low为待合并的数组的起始下标,high为待合并的数组的结尾下标,res[]为合并后的数组。合并过程中,使用直接插入算法完成合并的主体过程,但需要注意合并过程可能出现一个子序列非空的情况。

实现代码如下。

```
程序清单 7-2  ex7_2mergeSort.c
1   #define _CRT_SECURE_NO_WARNINGS
2   #include<stdio.h>
3   #include<stdlib.h>
4   #define MAX 101
5   void merge(int arr[],int low,int high,int res[])
6   {
7       int mid = (low + high)/2;
8       int left_index = low;
9       int right_index = mid +1;
10      int result_index = low;
11      //左右都非空时,循环取左右中的最小元素尾插到result数组
12      while(left_index < mid +1 && right_index < high +1)
13      {
```

```
14          if(arr[left_index]<= arr[right_index])
15          {
16              res[result_index]= arr[left_index];
17              left_index++;
18          }
19          else
20          {
21              res[result_index]= arr[right_index];
22              right_index++;
23          }
24          result_index++;
25      }
26      //归并结束后,至多有1个子序列非空,将非空数组元素放到result末尾
27      while(left_index < mid +1)
28      {
29          res[result_index]= arr[left_index];
30          result_index++;
31          left_index++;
32      }
33      while(right_index < high +1)
34      {
35          res[result_index]= arr[right_index];
36          result_index++;
37          right_index++;
38      }
39  }
40  void merge_sort(int arr[],int low,int high,int res[])
41  {
42      int i, mid;
43      if(low < high)              //规模不为0时进行分割与合并
44      {
45          mid = (low + high)/2;
46          merge_sort(arr, low, mid, res);
47          merge_sort(arr, mid +1, high, res);
48          merge(arr, low, high, res);
49          //用res中元素覆盖arr中的对应位置的元素
50          for(i = low; i <= high; i++)
51              arr[i]= res[i];
52      }
53  }
54  int main()
55  {
56      int data[MAX];          //保存原始数据及合并后结果的数组
57      int result[MAX];        //保存临时结果的数组
58      int i, n;
59      printf("请输入待排序元素个数及各个元素\n");
60      scanf("%d",&n);
```

```
61      for(i =1; i <= n; i++)
62          scanf("%d",&data[i]);
63      merge_sort(data,1, n, result);
64      printf("归并排序后序列\n");
65      for(i =1; i <= n; i++)
66          printf("%d ", data[i]);
67      printf("\n");
68      system("pause");
69      return 0;
70  }
```

运行结果如下。

```
请输入待排序元素个数及各个元素
8
55 87 94 1 4 32 11 77
归并排序后序列
1 4 11 32 55 77 87 94
```

7.3 二分查找

二分查找也称折半查找,查找的实现依赖于数据的存储结构及数据自身的特性。二分查找须基于顺序存储结构的线性表,并且线性表中的数据按关键字有序排列。二分查找时,每次都将待查找的关键字与序列的中位数进行比较,如果相同则查找成功,若小于中位数则查找左半子区间,否则查找右半子区间,当子区间无元素时查找失败。

7.3.1 二分查找过程分析

给定顺序存储的升序序列 $S=\{10,14,19,26,27,31,33,35,42,44\}$,设要查找的元素 $x=31$,使用二分查找在 S 中查找 x 的过程如下。

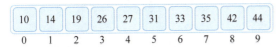

(1) 第 1 次查找。

计算区间中位数 mid=low+(high−low)/2=0+(9−0)/2=4,经过比较,$x>S_4=27$。因此,需要在右半子区间内进行查找,设置 low=mid+1=5。

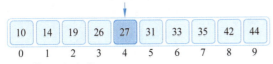

(2) 第 2 次查找。

计算区间中位数 mid=5+(9−5)/2=7,经过比较,$x<S_7=35$。因此,待查找的数据必定在 mid 的左侧,需要在左半子区间内进行查找,设置 high=mid−1=6。

(3) 第 3 次查找。

计算区间中位数 mid＝5＋(6−5)/2＝5，经过比较，$x = S_5 = 31$ 匹配成功，查找结束。

至此，使用二分查找共经过 3 次比较就查找成功。即使在最坏的条件下，二分查找至多需要经过 $\log_2(N)+1$ 次查找。需要注意的是，二分查找需要数据有序排列，所以对数据排序的过程也需要考虑在其中。

7.3.2 二分查找代码分析

binary_search()函数实现了经典二分查找，使用函数时待搜索序列必须有序。若待搜索序列无序时，需要先经过排序处理后才能进行二分查找。函数有 4 个参数，data[]数组为已经有序的待搜索序列，target 为待搜索的关键字，left 为待搜索区间的起始位置，right 为待搜索区间的终止位置。

实现代码如下。

```
程序清单 7-3    ex7_3binarySearch.c
1   #define _CRT_SECURE_NO_WARNINGS
2   #include<stdio.h>
3   #include<stdlib.h>
4   #include <limits.h>
5   #define MAX 101
6   //分治法实现经典二分搜索
7   int binary_search(int data[],int target,int left,int right)
8   {
9       int mid;
10      //经典二分查找时条件是<=
11      while(left <= right)                  //每次迭代都需要比较
12      {
13          mid = left +(right - left)/2;     //防止溢出
14          if(data[mid]== target)
15              return mid;
16          else if(data[mid]< target)
17              left = mid +1;
18          else if(data[mid]> target)
19              right = mid -1;
20      }
21      return -1;
22  }
23  //选择排序(升序)：data[]为待排序数组，start 为起始下标，len 为排序长度
24  void selection_sort(int data[],int start,int len)
25  {
26      int i, j, temp, min;
```

```c
27      for(i = start; i < start + len -1; i++)
28      {
29          min = i;
30          for(j = i +1; j < start + len; j++)      //遍历未排序的元素
31              if(data[j]< data[min])                //保存目前最小值的下标
32                  min = j;
33          if(min != i)                              //若最小值不是当前位置则交换
34          {
35              temp = data[min];
36              data[min]= data[i];
37              data[i]= temp;
38          }
39      }
40  }
41  int main()
42  {
43      int data[MAX];
44      int i, n, target, start, end, pos;
45      for(i =0; i < MAX; i++)
46          data[i]=-INT_MAX;
47      printf("请输入元素个数及各元素\n");
48      scanf("%d",&n);
49      start =0;
50      end = n -1;
51      for(i = start; i <= end; i++)
52          scanf("%d",&data[i]);
53      selection_sort(data, start, n);
54
55      printf("请输入待查找元素\n");
56      scanf("%d",&target);
57
58      pos = binary_search(data, target, start, end);
59      if(pos !=-1)
60          printf("查找成功,元素所在位置: %d\n", pos+1);
61      else
62          printf("查找失败\n");
63      system("pause");
64      return 0;
65  }
```

运行结果如下。

```
请输入元素个数及各元素
10
14 19 23 10 31 27 33 35 44 42
请输入待查找元素
31
查找成功,元素所在位置: 6
```

```
请输入元素个数及各元素
10
19 23 10 14 27 31 33 44 35 42
请输入待查找元素
28
查找失败
```

7.4 循环赛

在分组赛或联赛中常常使用循环赛制,任一选手须与其他选手逐一进行比赛,两名选手之间只比赛一场的称为单循环赛,比赛两场的称为双循环赛。在循环赛制中,选手之间交手的场次相同。

7.4.1 2^k 循环赛日程表

设有 $n=2^k$ 位选手参加循环赛,设计比赛日程表应满足以下要求。

(1) 每位选手必须与其他 $n-1$ 位选手各交手一次。

(2) 考虑到体能等因素,每位选手一天只能比赛一次。

(3) 比赛须在 $n-1$ 天内结束。

根据对循环赛的描述,按照分治策略将 $n=2^k$ 形式的循环赛中所有参赛选手进行划分。$n=2^k$ 可划分为 4 个 2^{k-1} 个选手的比赛日程表,递归执行划分直至参赛选手为 2 位时停止。当参赛选手为 2 位时,直接安排 2 位选手进行比赛。观察图 7-7 还可以发现,$n=2^k$ 个比赛日程表的左上角由 $n_1=2^{k-1}$ 个选手的比赛日程表构成,左上角与右下角比赛日程的内容相同,左下角日程表中选手的号码 m_2 是左上角日程表中选手号码 m_1 的值 $+2^{k-1}$,右上角日程表与左下角日程表相同。

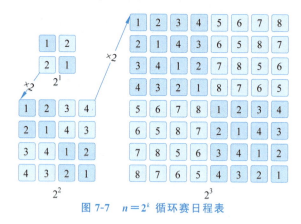

图 7-7 $n=2^k$ 循环赛日程表

将比赛日程表用 $n\times n$ 的二维表格(数组)存储,表格中第 i 行第 j 列表示第 i 个选手第 j 天比赛时的对手号码,如图 7-8 所示。

根据对问题的描述和分析,基于分治思想解决比赛日程问题的思路如下。

(1) 递归出口处为分治结束条件,将日程表左上角 2×2 元素手动赋值,如式(7.1)所示。

$$\begin{bmatrix} a_{00}=1 & a_{01}=2 \\ a_{10}=2 & a_{11}=1 \end{bmatrix} \tag{7.1}$$

(2) 左下角元素值为左上角元素值 $+2^{k-1}$。

(3) 右上角元素值等于左下角元素值。

图 7-8 循环赛中选手的对局信息

(4) 右下角元素值等于左上角元素值。

使用递归算法构建循环赛日程安排时,首先将规模为 $n=2^k$ 的比赛日程划分为 4 个 2^{k-1} 个选手的比赛日程表,然后递归构建左上角 2^{k-1} 子赛程表直至仅有 2 位选手时终止;构建完成后,利用上述分析结果复制完成其他 3 个 2^{k-1} 的子比赛日程表。

使用非递归算法构建循环赛日程安排时,则由左上角 2×2 子比赛日程表复制生成左下、右上、右下 3 个子比赛日程表,再以循环的方式不断扩展生成,直至规模为 $n=2^k$ 时为止。

实现代码如下。

程序清单 7-4　ex7_4_1roundSchedule2k.c

```
1   #define _CRT_SECURE_NO_WARNINGS
2   #include<stdio.h>
3   #include<stdlib.h>
4   #include <math.h>          //使用 pow 函数
5   #define MAX 129            //下标从 1 开始
6   //非递归方法生成 2^k 个选手的比赛日程表
7   void gen_round_schedule(int k,int schedule[][MAX])
8   {
9       int i, len, half, row, col;
10      //左上角 2X2 为固定值:下标从 1 开始使用
11      schedule[1][1]=1;
12      schedule[1][2]=2;
13      schedule[2][1]=2;
14      schedule[2][2]=1;
15      //然后分治安排
16      for(i =2; i <= k; i++)
17      {
18          len =(int)pow(2.0, i);
19          half = len /2;
20          //左下角=左上角+half
```

```c
21          for(row = half +1; row <= len; row++)
22              for(col =1; col <= half; col++)
23                  schedule[row][col]= schedule[row - half][col]+ half;
24          //右上角=左下角
25          for(row =1; row <= half; row++)
26              for(col = half+1; col <= len; col++)
27                  schedule[row][col]= schedule[row + half][col - half];
28          //右下角=左上角
29          for(row = half+1; row <= len; row++)
30              for(col = half+1; col <= len; col++)
31                  schedule[row][col]= schedule[row - half][col - half];
32      }
33  }
34  //递归方法生成 n=2^k 个选手的比赛日程表
35  void gen_round_schedule2(int n,int schedule[][MAX])
36  {
37      int m, i, j;
38      if(n ==1)
39      {
40          schedule[1][1]=1;
41          return;
42      }
43      gen_round_schedule2(n /2, schedule);
44      m = n /2;
45      for(i =1; i <= m; i++)
46      {
47          for(j =1; j <= m; j++)
48          {
49              schedule[i + m][j + m]= schedule[i][j];        //右下角
50              schedule[i + m][j]= schedule[i][j]+ m;         //左下角
51              schedule[i][j + m]= schedule[i + m][j];        //右上角
52          }
53      }
54  }
55  void disp_round_schedule(int k,int schedule[][MAX])
56  {
57      int i, j;
58      double n = pow(2.0, k);
59      for(i =1; i <= n; i++)
60      {
61          for(j =1; j <= n; j++)
62          {
63              printf("%d ",schedule[i][j]);
64          }
65          printf("\n");
66      }
67  }
```

```
68    int main()
69    {
70        int k, rr_schedule[MAX][MAX];              //日程表
71        printf("只能处理人数为 2^k(k<=6),请输入 k 值: ");
72        scanf("%d",&k);
73        printf("日程表如下: \n");
74        gen_round_schedule(k, rr_schedule);        //非递归方法生成
75        //int n;
76        //n = (int)pow(2.0, k);                    //递归方法生成
77        //gen_round_schedule2(n, rr_schedule);
78        disp_round_schedule(k, rr_schedule);
79        system("pause");
80        return 0;
81    }
```

运行结果如下。

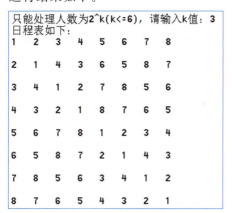

7.4.2 奇偶循环赛日程表

到目前为止,只能解决选手数为 $n=2^k$ 的循环赛日程问题,还可以将问题进一步推广。对于一般的奇数 n,可以将之转换为偶数 $n+1$,再分治求解,最终递归的尽头就是 $n=3$。最小划分为 $n=3$ 时,其上一级划分为 $2 \times n=6$。当选手数为 6 时,先将其分为 $\{1,2,3\}$ 和 $\{4,5,6\}$ 两部分单独考虑,如图 7-9 所示。

图 7-9 选手数为 6 时分为两部分处理

考虑到两组中选手 1 和选手 4 第 3 天均无比赛安排,可以安排他们进行对局,同理可安排选手 2 和选手 5 在第 2 天对局,选手 3 和选手 6 在第 1 天对局,如图 7-10 所示。

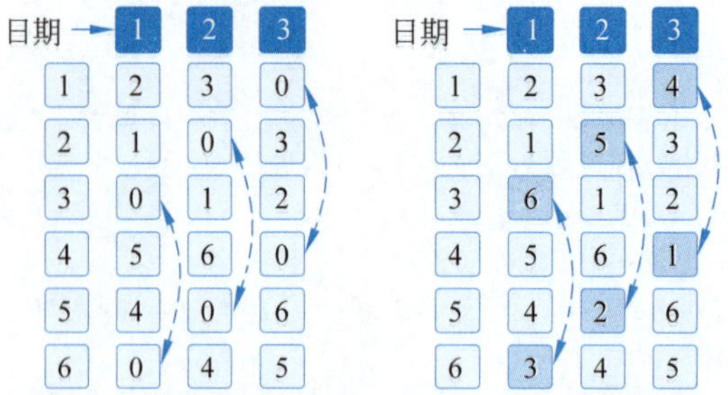

图 7-10　根据选手空赛时间重新安排比赛日程

至此,已经安排了 6 位选手前 3 天的对局情况,还有一部分选手之间尚未对局,例如,选手(1,5)和(1,6)尚未进行对局,同理,选手(2,4)和(2,6)、选手(3,4)和(3,5)均未对局。因此,需要在第 4 天和第 5 天安排上述对局。

根据选手 1 的情况,可以直接安排其与选手 5 在第 4 天对局,与选手 6 在第 5 天对局,对应的也有(5,1)和(6,1)。此时,选手 2 与选手 4、选手 6 尚未对局,应安排(2,4)在第 4 天,(2,6)在第 5 天,由于第 5 天选手 6 赛事冲突,调整为(2,6)在第 4 天,(2,4)在第 5 天,(6,2)在第 4 天,(4,2)在第 5 天。以此类推,安排(3,4)在第 4 天,(3,5)在第 5 天,(4,3)在第 4 天,(5,3)在第 5 天。至此,6 位选手的 5 天循环赛日程安排完毕,如图 7-11 所示。

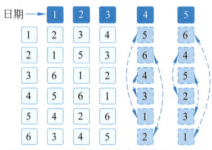

图 7-11　6 位选手的赛事安排及调整图

奇偶循环赛日程安排的代码中主要用到了 3 个函数,disp_round_schedule()函数输出求解后的循环赛日程信息,merge_subs()函数用于合并子问题的解,gen_round_schedule()函数根据分治策略对问题不断进行划分并调用 merge_subs()函数合并子问题的解。disp_round_schedule()函数和 gen_round_schedule()函数的处理思路都比较清晰,不作过多描述。merge_subs()函数是本问题中最重要的部分,需要进一步分析。

merge_subs()函数有两个参数,schedule[][MAX+2]是选手的循环赛日程表,在递归过程中不断迭代进行处理;n 为当前处理中选手的数目。merge_subs()函数的处理过程如下。

(1) 首先需要判定当前处理中选手数的奇偶情况。当选手数为偶数时,实际赛事需要 $n-1$ 天,为奇数时则需要 n 天。

(2) 划分对称轴 m,保证前半部分不小于后半部分。若 n 为奇数时,则 $m=n/2-1$。

(3) 完成选手前 m 天比赛日程的扩展。

观察图 7-9 的(a)、(b)两分图可以发现,除了选手号不同之外,两者的布局及变化完全一致。(a)、(b)分图中,选手号相差恰好为 m。因此,可以利用前半部分选手的比赛日程信息生成后半部分选手的比赛日程,即扩展前 $n/2$ 个比赛日程构造后 $n/2$ 个比赛日程。

当 n 为奇数时,需要生成一个虚拟对手。设 i 号选手第 j 天的对手为 k 号选手,则 $i+m$ 号选手在第 j 天的对手号为 $k+m$。若 i 号选手第 j 天无对局对手,则安排 i 号选手与 $i+m$ 号选手对局。

(4) 进行扩展生成后半部分日程的比赛对局信息。

当子问题为奇数时,构造增量需要加 1。扩展时,自动生成对局选手号是关键,也是较难理解之处。

① 待生成的选手号是扩展时的选手号码,即 $m+1, m+2, \cdots, 2m$。

② 考虑 3 位选手扩展到 6 位选手的情况,如图 7-11 所示。需要生成前后有交叠的序列,如(5,6)→(6,4)→(4,5)。若将交叠部分合并则为 5→6→4→5,再补充首尾元素 4 和 6,变化为 4→5→6→4→5→6,此时循环就易于理解了。在该循环序列中,使用 [count+$(i-1)$+add_one]%$m+m+1$ 就可依次取出所需要的选手号。

(5) 当 n 为奇数时,需要消除虚拟选手,将该虚拟选手号置 0。

实现代码如下。

程序清单 7-5 ex7_4_2roundScheduleCommon.c

```c
#define _CRT_SECURE_NO_WARNINGS
#include<stdio.h>
#include<stdlib.h>
#include <math.h>
#define MAX 100
//合并子问题的解:奇数时需要处理虚拟选手问题
void merge_subs(int schedule[][MAX +2],int n)
{
    int days;          //偶数时 n-1 天,奇数时 n 天
    int m, passed_days, i, j, count, add_one;
    if(n %2==1)
        days = n;
    else
        days = n -1;
    //对称轴:保证前半部分不小于后半部分。若 n 为奇数,则 m=(n/2)+1
    m =(int)ceil(n /2.0);
    passed_days;      //已安排的比赛天数
    if(m %2==1)
        passed_days = m;
    else
        passed_days = m -1;
    //用已完成的前 n/2 个比赛日程构造后 n/2 个比赛日程,n 为奇数时产生一个虚拟选手
    for(i =1; i <= m; i++)
    {
```

```
25          for(j = 1; j <= passed_days; j++)
26          {
27              //若i号选手第j天有对手,则i+m号在第j天的对手为i号的对手往后数m号
28              if(schedule[i][j]!=0)
29                  schedule[i + m][j]= schedule[i][j]+ m;
30              else//若i号第j天无对手,则i号和i + m号互为对手
31              {
32                  schedule[i + m][j]= i;
33                  schedule[i][j]= i + m;
34              }
35          }
36      }
37
38      add_one = 0;          //标志子问题是否是奇数
39      if(schedule[1][passed_days]== m +1)
40          add_one = 1;
41
42      //横向扩展:i号在第j天的对手
43      for(i = 1; i <= m; i++)
44      {
45          count = 0;
46          for(j = passed_days +1; j <= days; j++)
47          {
48              int r_value = (count + (i -1) + add_one) % m + m +1;
49              schedule[i][j]= r_value;
50              schedule[r_value][j]= i;
51              count++;
52          }
53      }
54      //n为奇数时消除虚拟选手
55      if(n %2==1)
56      {
57          for(i = 1; i <=2 * m; i++)
58          {
59              for(j = 1; j <= days; j++)
60                  if(schedule[i][j]== n +1)
61                      schedule[i][j]=0;       //0表示i号选手在第j日无比赛
62          }
63      }
64  }
65  //分治求解循环赛问题:选手数可为普通偶数或奇数
66  void gen_round_schedule(int schedule[][MAX +2],int n)
67  {
68      if(n <=1)
69          return;
70      else if(n ==2)      //2个选手
```

```c
71      {
72          schedule[1][1]=2;
73          schedule[2][1]=1;
74      }
75      else
76      {
77          gen_round_schedule(schedule,(int)ceil(n /2.0));
78          merge_subs(schedule, n);
79      }
80  }
81
82  //输出循环赛日程表
83  void disp_round_schedule(int schedule[][MAX +2],int n)
84  {
85      int days =((n %2==1)? n : n -1);        //奇数为n,偶数为n-1
86      int i, j;
87      printf("%d 位选手循环赛日程表如下: \n",n);
88      //输出左对齐,选手人数不超过 2 位数
89      printf("       ");
90      for(i =1; i <= n; i++)
91          printf("%2d 号",i);
92      printf("\n");
93      for(j =1; j <= days; j++)
94      {
95          printf("第%2d 天",j);
96          for(i =1; i <= n; i++)
97          {
98              printf("%4d",schedule[i][j]);
99          }
100         printf("\n");
101     }
102     printf("\n");
103 }
104 int main()
105 {
106     int schedule[MAX +2][MAX +2];
107     int players;
108     printf("请输入参赛选手数");
109     scanf("%d",&players);
110     gen_round_schedule(schedule, players);
111     disp_round_schedule(schedule, players);
112     system("pause");
113     return 0;
114 }
```

运行结果如下。

```
请输入参赛选手数5              请输入参赛选手数6
5位选手循环赛日程表如下:       6位选手循环赛日程表如下:
       1号 2号 3号 4号 5号           1号 2号 3号 4号 5号 6号
第1天   2   1   0   5   4      第1天   2   1   6   5   4   3
第2天   3   5   1   0   2      第2天   3   5   1   6   2   4
第3天   4   3   2   1   0      第3天   4   3   2   1   6   5
第4天   5   0   4   3   1      第4天   5   6   4   3   1   2
第5天   0   4   5   2   3      第5天   6   4   5   2   3   1
```

7.5 大整数乘法

通常情况下，进行常规数据处理时，使用基本数据类型都可以获得预期的结果。在有些特殊的应用领域，使用基本数据类型不足以存储待处理的数据，需要使用能够表示更大范围和更高精度的"大整数"。在许多应用领域都有大整数的应用，如密码学中许多密码机制都基于大整数运算，天文、气象模拟推演等都需要用到大整数。由于数据位数多，大整数的存储和运算都需要进行特殊的处理。本节主要介绍大整数的加法和乘法运算。

7.5.1 大整数乘法过程分析

考虑整数运算 1234×5678，先将两数分别拆分为高半部分与低半部分，得到 4 个子序列相乘，如式(7.2) 所示。

$$
\begin{aligned}
1234 \times 5678 &= (12 \times 10^2 + 34) \times (56 \times 10^2 + 78) \\
&= 12 \times 56 \times 10^4 + 12 \times 78 \times 10^2 + 34 \times 56 \times 10^2 + 34 \times 78
\end{aligned}
\tag{7.2}
$$

将 4 个子序列分别按照上述方式展开再相乘，直至乘数或被乘数只有 1 位时为止。

$$
\begin{aligned}
12 \times 56 &= (1 \times 10^1 + 2) \times (5 \times 10^1 + 6) \\
&= 1 \times 5 \times 10^2 + 1 \times 6 \times 10^1 + 2 \times 5 \times 10^1 + 2 \times 6 \\
&= 672
\end{aligned}
$$

$$
\begin{aligned}
12 \times 78 &= (1 \times 10^1 + 2) \times (7 \times 10^1 + 8) \\
&= 1 \times 7 \times 10^2 + 1 \times 8 \times 10^1 + 2 \times 7 \times 10^1 + 2 \times 8 \\
&= 936
\end{aligned}
$$

$$
\begin{aligned}
34 \times 56 &= (3 \times 10^1 + 4) \times (5 \times 10^1 + 6) \\
&= 3 \times 5 \times 10^2 + 3 \times 6 \times 10^1 + 4 \times 5 \times 10^1 + 4 \times 6 \\
&= 1904
\end{aligned}
$$

$$
\begin{aligned}
56 \times 78 &= (5 \times 10^1 + 6) \times (7 \times 10^1 + 8) \\
&= 5 \times 7 \times 10^2 + 5 \times 8 \times 10^1 + 6 \times 7 \times 10^1 + 6 \times 8 \\
&= 4368
\end{aligned}
$$

合并所有子问题的解，可以求得 1234×5678 的结果为 7006652，如式(7.3)所示。

$$
\begin{aligned}
1234 \times 5678 &= (12 \times 10^2 + 34) \times (56 \times 10^2 + 78) \\
&= 12 \times 56 \times 10^4 + 12 \times 78 \times 10^2 + 34 \times 56 \times 10^2 + 34 \times 78 \\
&= 672 \times 10^4 + 936 \times 10^2 + 1904 \times 10^2 + 4368 \\
&= 7006652
\end{aligned}
\tag{7.3}
$$

一般地，采用分治思想求解大整数 A_n 和 B_m（分别为 n 位和 m 位）相乘问题的解题思路如下。

(1) 将大整数 A_n 和 B_m 进行分解，拆分 $A_n = a_h \times 10^{\frac{n}{2}} + a_l$ 和 $B_m = b_h \times 10^{\frac{m}{2}} + b_l$，则原问题分解为式(7.4)。

$$A_n \times B_m = (a_h \times 10^{\frac{n}{2}} + a_l) \times (b_h \times 10^{\frac{m}{2}} + b_l)$$
$$= a_h \times b_h \times 10^{\frac{n+m}{2}} + a_h \times b_l \times 10^{\frac{n}{2}} + a_l \times b_h \times 10^{\frac{m}{2}} + a_l \times b_l \quad (7.4)$$

(2) 对 $a_h \times b_h$，$a_h \times b_l$，$a_l \times b_h$ 和 $a_l \times b_l$ 继续进行相同拆分，直至乘数或被乘数只有 1 位时为止。

(3) 逐级向上合并各子问题的解即求得原问题的解。

考虑到大整数位数较多，int、long 等基本数据类型在不设计特殊算法的情况下均无法存储，可以使用字符数组或整型数组存储。

7.5.2 大整数乘法代码分析

定义大整数结构体 _node，包括 3 个字段：data[MAX]为以倒序方式存放各个数位上数值的字符数组，length 是大整数的长度，pow 为当前的幂次（加法和乘法时使用）。

split()函数的功能是从大整数中拆分出前半部分或后半部分，包括 4 个参数：指针 src（也可理解为数组）存储待分割的大整数，指针 des 用于存储划分后的大整数（高位一半或低位一半），start 是划分的起始位置，len 为划分的长度。划分时，需要注意保存划分后各部分的幂。

multiply()函数实现两个大整数相乘，函数有 3 个参数：pA 是指向第一个大整数的指针，pB 指向第二个大整数，ans 是指向存储大整数积的指针。Multiply()函数通过递归调用实现大整数的分解、相乘和子集解的合并。当两个大整数中有一个长度为 1 时，到达出口，直接相乘并返回结果；若长度均大于 1，则分别对 a_h、a_l、b_h 和 b_l 进行递归拆分、求解，之后进行 $a_h \times b_h$，$a_h \times b_l$，$a_l \times b_h$ 和 $a_l \times b_l$ 四部分的处理，再将相乘结果累加获得原问题的解。

add()函数实现两个大整数相加，包括 3 个参数：pA 为指向第一个大整数的指针，pB 为指向第二个大整数的指针，ans 是指向存储大整数和的指针。两个大整数相加时，需要根据实际数位的多少与幂数大小进行对位和补 0 等操作，同时还需要注意相加产生的进位，最后需要设置相加之和的长度与幂数。

实现代码如下。

程序清单 7-6　ex7_5bigInteger.c
```
1   #define _CRT_SECURE_NO_WARNINGS
2   #include<stdio.h>
3   #include<stdlib.h>
4   #include<string.h>
5   #define MAX 100
6   struct _node
7   {
```

```
8        int data[MAX];                    //数值:低位到高位,倒序存放
9        int length;                       //串长
10       int pow;                          //进位
11   };
12   typedef struct _node Node;            //对结构体类型进行类型定义
13   //大整数拆分函数:从 src 中 start 开始提取 len 位数值到 des 当中
14   void split(Node * src, Node * des,int start,int len)
15   {
16       int i, j;
17       for(i = start, j =0; i < start + len; i++, j++)
18       {
19           des->data[j]= src->data[i];
20       }
21       des->length = len;
22       des->pow = start + src->pow;      //调整幂数
23   }
24   //两个大整数相加:pA 的幂>pB 的幂,结果保存于 ans。涉及权值、补位和进位
25   void add(Node * pA, Node * pB, Node * ans)
26   {
27       int i;
28       int carry, pow_diff;              //结果的进位信息,幂数差
29       int pAlen, pBlen, len;
30       int ta, tb;                       //pA、pB 对应的位数
31       Node * temp;
32       if((pA->pow < pB->pow))           //保证 pA 的幂大
33       {
34           temp = pA;
35           pA = pB;
36           pB = temp;
37       }
38       ans->pow = pB->pow;
39       carry =0;
40       pAlen = pA->length + pA->pow;
41       pBlen = pB->length + pB->pow;
42       if(pAlen > pBlen)
43           len = pAlen;
44       else
45           len = pBlen;
46       pow_diff = pA->pow - pB->pow;     //幂数差,pA 低位补 0 个数
47       //结果的长度最长为 pA,pB 之中的最大长度减去最低次幂
48       for(i =0; i < len - ans->pow; i++)
49       {
50           if(i < pow_diff)//低位补虚拟 0
51               ta =0;
52           else
53               ta = pA->data[i - pow_diff];
54           //高位补虚拟 0
```

```
55          if(i < pB->length)
56              tb = pB->data[i];
57          else
58              tb = 0;
59          if(i >= pA->length + pow_diff)
60              ta = 0;
61          ans->data[i]=(ta + tb + carry)%10;
62          carry = (ta + tb + carry)/10;
63      }
64      if(carry)                  //最高位进位
65          ans->data[i++]= carry;
66      ans->length = i;
67  }
68  void multiply(Node * pA, Node * pB, Node * ans)
69  {
70      int i, carry, digit;    //进位,拆分后长度为1的整数的数位
71      Node bigA_high, bigA_low, bigB_high, bigB_low;
                                   //将大整数拆分成高位和低位
72      Node res1, res2, res3, res4, ans1, ans2;
73      Node * temp;
74      int ma = pA->length /2;
75      int mb = pB->length /2;
76      //当拆分到某一部分长度为1(长度/2 为 0)时：相乘并返回,结果保存在 ans 中
77      if(!ma ||!mb)
78      {
79          if(!ma)                //保证 pA 的长度更大
80          {
81              temp = pA;
82              pA = pB;
83              pB = temp;
84          }
85          ans->pow = pA->pow + pB->pow;
86          digit = pB->data[0];
87          carry =0;              //逐位相乘并保存进位信息
88          for(i =0; i < pA->length; i++)
89          {
90              ans->data[i]=(digit * pA->data[i]+ carry)%10;
91              carry = (digit * pA->data[i]+ carry)/10;
92          }
93          if(carry)              //最高位有进位
94              ans->data[i++]= carry;
95          ans->length = i;       //结果位数
96          return;
97      }
98      //大数乘法(分治)核心：拆分、相乘、合并
99      //X = A * 10^n + B, Y = C * 10^m + D
100     //X * Y = A * C * 10^(n+m) + A * D * 10^n + B * C * 10^m + B * D
```

```c
101     split(pA, &bigA_high, ma, pA->length - ma);
102     split(pA, &bigA_low, 0, ma);
103     split(pB, &bigB_high, mb, pB->length - mb);
104     split(pB, &bigB_low, 0, mb);
105     multiply(&bigA_high, &bigB_high, &res1);    //分成4部分相乘
106     multiply(&bigA_high, &bigB_low, &res2);
107     multiply(&bigA_low, &bigB_high, &res3);
108     multiply(&bigA_low, &bigB_low, &res4);
109     add(&res1, &res2, &ans1);
110     add(&res3, &res4, &ans2);
111     add(&ans1, &ans2, ans);
112 }
113 int main()
114 {
115     char strA[MAX], strB[MAX];        //字符串形式读入的大整数 A 和 B
116     int lenA, lenB, i, k;
117     Node bigA, bigB, ans;
118     //以字符串形式读入大整数并进行转换
119     printf("输入大整数 A:\n");//123456789
120     scanf("%s", &strA);
121     printf("输入大整数 B:\n");//987654321
122     scanf("%s", strB);
123
124     bigA.length = lenA = strlen(strA);
125     bigB.length = lenB = strlen(strB);
126     k = 0;
127     for(i = lenA -1; i >=0; i--)         //从低位到高位存储
128         bigA.data[k++] = strA[i] - '0';
129     bigA.pow = 0;
130
131     k = 0;
132     for(i = lenB -1; i >=0; i--)
133         bigB.data[k++] = strB[i] - '0';
134     bigB.pow = 0;
135
136     multiply(&bigA, &bigB, &ans);
137
138     printf("最终结果为: ");
139 for(i = ans.length -1; i >=0; i--)
140         printf("%d", ans.data[i]);
141     printf("\n");
142     system("pause");
143     return 0;
144 }
```

运行结果如下。

```
输入大整数 A:
1234
输入大整数 B:
5678
最终结果为: 7006652
```

```
输入大整数 A:
123456789
输入大整数 B:
987654321
最终结果为: 121932631112635269
```

算法设计练习

1. 给定正整数 n 和 m(其中,n 表示数据的个数,m 表示要搜索的数字),并输入 n 个数字。根据分治算法在 n 个数字中寻找 m,搜索成功时输出 m 在数组中的下标,否则输出 -1(提示：排序)。例如,输入为 6 6 1 49 28 3 0 6 时,输出结果为 3。

2. 给定一个包含 n 个整数的数组,寻找其中所有满足 $a+b+c=0$ 条件的不重复的三元组 (a,b,c)。例如,输入为 -1 0 -1 2 1 4 时,输出结果为 -1 -1 2 和 -1 0 1。

3. 给定大小分别为 m 和 n 的升序排列数组,计算两个正序数组合并之后的中位数(保留一位小数)。例如,输入为 1 2 3 4 和 5 6 7 4 9 时,输出结果为 4.5。

4. 给定具有 n 个元素的序列,寻找该序列的多数元素(多数元素是指在序列中出现次数大于 $[n/2]$ 的元素),若不存在这样的数字则给出"不存在"提示信息。例如,输入 9 个元素 4 8 0 5 5 5 16 5 50 时,输出结果为 5。

5. 给定具有 n 个元素的序列,寻找该序列的众数(众数是指在序列中出现次数最大的元素),若输入序列中存在多个这样的数字,输出其中任何一个即可。例如,输入为 4 8 0 5 5 5 16 5 50 时,输出结果为 5。

第 8 章

动态规划算法

动态规划算法在数学、计算机科学、管理学、经济学和生物信息学中都有广泛应用。动态规划算法将原问题分解为若干相对简单的子问题,以此来实现对复杂问题进行求解。动态规划适用于具有重叠子问题和最优子结构性质的问题,求解的时间效率通常比朴素求解方法高。

动态规划算法具有朴素的思想:

(1) 将问题分解为子问题,对于可能重叠的子问题只求解一次从而减少计算量。

(2) 存储已经计算过的子问题解,一旦再有需要则直接查询,无须再次重复计算,有效提高了算法的执行效率。

动态规划适用于以下情况:

(1) 问题具有最优子结构性质。所谓最优子结构性质是指,若问题的解是最优解,则其所包含的子问题的解亦是最优解。根据此性质,就可以通过求解子问题的最优解来获得原问题的最优解。

(2) 子问题解的无后效性。子问题的解被确定后不再发生变化,不受后续求解过程、求解规模和求解决策的影响。

(3) 子问题具有重叠性质。子问题的重叠性质是指对问题进行递归求解过程中,分解得到的子问题并非总是新问题,这些子问题往往会被重复计算多次。子问题求解的重复性质导致了普通算法效率低下,动态规划算法恰恰利用了重叠这一性质,对每个子问题只求解一次。子问题第一次求解后,将计算结果保存到查找表中,再次计算该子问题时直接查表即可。

从本质上讲,动态规划算法是一种高效的枚举算法,求解问题就是寻找出这些枚举中满足给定最优条件的那个的值。动态规划算法不但适用于最优化问题求解,同样适用于枚举所有可能结果的问题求解。

8.1 数字三角形

如图 8-1 所示的数字三角形(也称数塔),从数字三角形的某个顶点(这里以 7 为例)出发,存在多条路径可以到达底边上各个数字。将每条路径上的各个数字相加所得之和进行比较,数字之和最大/最小的路径称为最佳路径。最佳路径在工程造价,最短路径等许多场景都有应用。对于给定数字三角形,若限定路径上的每个节点只能向其左下或右下延伸,则可以使用动态规划算法求解最佳路径。

图 8-1　5 层数塔

8.1.1　使用朴素递归求解数字三角形问题

用二维数组 digits[][MAX]存储数字三角形中的各行数字,这样会形成一个下三角矩阵,如图 8-2 所示。

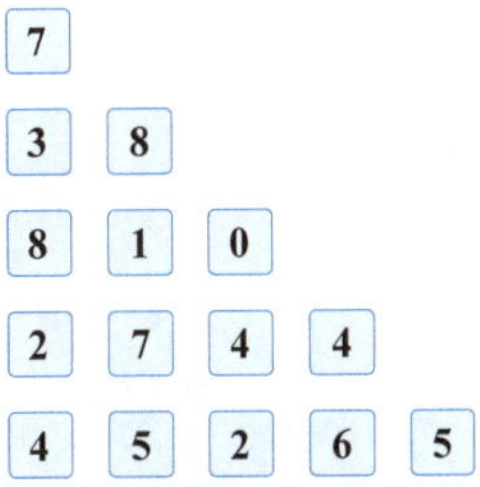

求解最佳路径的过程可以自顶向下,从顶点出发到底边各数值不断发散求解;也可以从底边出发向顶点自底向上不断收拢求解。自顶向下是一个发散的、多出口的求解过程,自底向上则为收敛的、单出口的求解过程。

采用自底向上求解方法时,可将最后一行作为已知边界条件,不断向第一行递推求解。用二维数组 digits[][MAX]来存储数字三角形中的各行数字,digits[r][c]表示第 r 行第 c 列的数值,其中 $1 \leqslant r \leqslant n, 1 \leqslant c \leqslant r$。用 max_sum()函数求解从顶点出发到底边的各条路径中最佳路径的数字之和,max_sum(r,c)表示从最后一行代表的底边到当前数字位置 digits[r][c]的各条路径中最佳路径的数字之和。因此,采用自底向上求解方法时,max_sum(1,1)就是所求最佳路径上的数字之和。

图 8-2　以二维数组形式存储的数字三角形

在限定只能向下或右下延伸的条件下,从 digits[r][c]自顶向下正向推导时,下一步的去向只能是 digits[r+1][c]或 digits[r+1][c+1]。自底向上求解中,最佳路径的数字之和 max_sum(r,c)为 digits[r+1][c]和 digits[r+1][c+1]的最大值与 digits[r][c]之和。由此,可获得式(8.1):

$$\text{max\_sum}(r,c) = \begin{cases} \text{digits}[r][c], & r = n \\ \max(\text{max\_sum}(r+1,c), \text{max\_sum}(r+1,c+1)) + \text{digits}[r][c], & r < n \end{cases}$$
(8.1)

根据推导公式(8.1),最自然的想法就是使用递归进行求解。实现代码如下。

程序清单 8-1　ex8_1_1triangle.c
```
1   #define _CRT_SECURE_NO_WARNINGS
2   #include<stdio.h>
3   #include<stdlib.h>
4   #define MAX 101
5   int get_max(int x,int y)
```

```c
6   {
7       return x > y ? x : y;
8   }
9   int max_sum(int digits[][MAX],int n,int row,int col)
10  {
11      int mx1, mx2;
12      if(row == n)
13          return digits[row][col];
14      mx1 = max_sum(digits, n, row +1, col);
15      mx2 = max_sum(digits, n, row +1, col +1);
16      return get_max(mx1, mx2)+ digits[row][col];
17  }
18  int main()
19  {
20      int i, j, lines, mx, digits[MAX][MAX];
21
22      for(i =0; i < MAX; i++)
23          for(j =0; j < MAX; j++)
24              digits[i][j]=0;
25
26      printf("请输入数字三角形的行数：");
27      scanf("%d",&lines);//5
28      printf("请输入数字三角形的各行\n");
29      //7  3 8  8 1 0   2 7 4 4  4 5 2 6 5
30      for(i =1; i <= lines; i++)
31          for(j =1; j <= i; j++)
32              scanf("%d",&digits[i][j]);
33
34      mx = max_sum(digits, lines,1,1);
35      printf("数字三角形的最大路径值为：");
36      printf("%d\n", mx);//30
37      system("pause");
38      return 0;
39  }
```

运行结果如下。

```
请输入数字三角形的行数：5
请输入数字三角形的各行
7
3 8
8 1 0
2 7 4 4
4 5 2 6 5
数字三角形的最大路径值为：30
```

8.1.2 使用动态规划算法求解数字三角形问题

使用递归方法求解问题的优点在于代码简洁，易于理解。对于具有重叠子结构的问题而言，使用递归方法求解效率非常低，因为每条计算路径都存在重复，重叠子结构越多，重复现象就越严重。在图 8-3 中,自上向下第 4 行中包含 7 和 3 的路径分别被重复计算了 3 次(左上方与正上方的引用数目之和)。可想而知,当数字三角形的层数更深时,被重复计算的重叠子结构将会达到十分恐怖的地步。

1. 用动态规划算法以递归方式求解数字三角形问题

对于具有重叠子结构的问题而言,递归最大的问题就是对同一个子问题重复计算多次,从而导致效率低下。因此,重叠子结构的处理是影响效率的关键。通过观察图 8-3

图 8-3 重叠子问题示意图

可以发现,若重叠子结构每次不是重新计算,而是直接获得其值,则效率就会大幅提高。因此,第一次计算子结构时将结果保存下来,这就是动态规划的精髓。下面给出用动态规划算法求解数字三角形问题的递归实现代码。

程序清单 8-2　ex8_1_2triangleDP1.c

```
1   #define _CRT_SECURE_NO_WARNINGS
2   #include<stdio.h>
3   #include<stdlib.h>
4   #define MAX 101
5   int get_max(int x,int y)
6   {
7       return x > y ? x : y;
8   }
9   int max_sum(int digits[][MAX],int ms[][MAX],int N,int row,int col)
10  {
11      int mx1, mx2;
12      if(ms[row][col]!=-1)
13          return ms[row][col];
14      if(row == N)
15          ms[row][col]= digits[row][col];
16      else
17      {
18          mx1 = max_sum(digits, ms, N, row +1, col);
19          mx2 = max_sum(digits, ms, N, row +1, col +1);
20          ms[row][col]= get_max(mx1, mx2)+ digits[row][col];
21      }
22      return ms[row][col];
23  }
24  int main()
25  {
26      int i, j, lines, mx, digits[MAX][MAX], ms[MAX][MAX];
27      for(i =0; i < MAX; i++)
28          for(j =0; j < MAX; j++)
29              ms[i][j]= digits[i][j]=-1;
30
31      printf("请输入数字三角形的行数: ");
```

```
32          scanf("%d",&lines);//5
33          printf("请输入数字三角形的各行\n");
34          //7 3 8 8 1 0 2 7 4 4 4 5 2 6 5
35          for(i =1; i <= lines; i++)
36              for(j =1; j <= i; j++)
37                  scanf("%d",&digits[i][j]);
38
39          mx = max_sum(digits, ms, lines,1,1);
40          printf("数字三角形的最大路径值为: ");
41          printf("%d\n", mx);//30
42          system("pause");
43          return 0;
44      }
```

运行结果如下。

```
请输入数字三角形的行数: 5
请输入数字三角形的各行
7
3 8
8 1 0
2 7 4 4
4 5 2 6 5
数字三角形的最大路径值为: 30
```

2. 用动态规划算法通过递推求解数字三角形问题

递归代码在执行时的调用开销不可忽视,尤其是层次较深、结构较为复杂的递归程序。因此,递归过程通常转化为递推代码以节省函数调用引起的开销。递推代码采用自底向上的处理过程,从数字三角形的底边各数值出发,利用公式(8.1)逐层向上求解。

使用二维数组 digits[][MAX]存储数字三角形的各行数字,使用相同大小的二维数组 ms[][MAX]存储迭代产生的最佳路径和。ms[i][j]表示从底边开始向上迭代至第 i 行第 j 列的最佳路径和。下面给出迭代分析的过程,通过对迭代过程的深入分析来体会动态规划的思想和含义。

(1) 初始化。

将数字三角形中底边对应的最后一行数值 digits[5][MAX]赋值给保存最佳路径之和的数组 ms[5][MAX]的第 5 行作为迭代的初始值,如图 8-4 第 5 行所示。

(2) 以 ms[5][MAX]为基础向第 4 行进行迭代。

根据递推公式(8.1)可知,ms[][MAX]数组第 4 行各元素的值是由第 5 行相应元素的最大值与 digits[][MAX]第 4 行中相应数字之和构成,如式(8.2)所示。

$$ms[4][j] = \max(ms[5][j], ms[5][j+1]) + digits[4][j] \tag{8.2}$$

因而,可以求得 ms[][]数组第 4 行各元素的值如式(8.3)~式(8.6)所示。

$$\begin{aligned} ms[4][1] &= \max(ms[5][1], ms[5][2]) + digits[4][1] \\ &= \max(4,5) + 2 \\ &= 7 \end{aligned} \tag{8.3}$$

$$\begin{aligned}
\text{ms}[4][2] &= \max(\text{ms}[5][2], \text{ms}[5][3]) + \text{digits}[4][2] \\
&= \max(5,2) + 7 \\
&= 12
\end{aligned} \qquad (8.4)$$

$$\begin{aligned}
\text{ms}[4][3] &= \max(\text{ms}[5][3], \text{ms}[5][4]) + \text{digits}[4][3] \\
&= \max(2,6) + 4 \\
&= 10
\end{aligned} \qquad (8.5)$$

$$\begin{aligned}
\text{ms}[4][4] &= \max(\text{ms}[5][4], \text{ms}[5][5]) + \text{digits}[4][4] \\
&= \max(6,5) + 4 \\
&= 10
\end{aligned} \qquad (8.6)$$

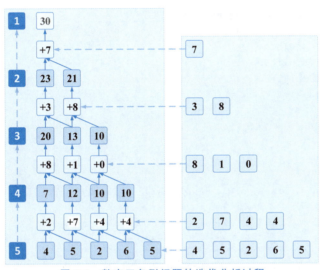

图 8-4　数字三角形问题的迭代分析过程

（3）以 ms[4][MAX] 为基础向第 3 行进行迭代，如式(8.7)～式(8.9)所示。

$$\begin{aligned}
\text{ms}[3][1] &= \max(\text{ms}[4][1], \text{ms}[4][2]) + \text{digits}[3][1] \\
&= \max(7,12) + 8 \\
&= 20
\end{aligned} \qquad (8.7)$$

$$\begin{aligned}
\text{ms}[3][2] &= \max(\text{ms}[4][2], \text{ms}[4][3]) + \text{digits}[3][2] \\
&= \max(12,10) + 1 \\
&= 13
\end{aligned} \qquad (8.8)$$

$$\begin{aligned}
\text{ms}[3][3] &= \max(\text{ms}[4][3], \text{ms}[4][4]) + \text{digits}[3][3] \\
&= \max(10,10) + 0 \\
&= 10
\end{aligned} \qquad (8.9)$$

（4）以 ms[3][MAX] 为基础向第 2 行进行迭代，如式(8.10)和式(8.11)所示。

$$\begin{aligned}
\text{ms}[2][1] &= \max(\text{ms}[3][1], \text{ms}[3][2]) + \text{digits}[2][1] \\
&= \max(20,13) + 3 \\
&= 23
\end{aligned} \qquad (8.10)$$

$$\text{ms}[2][2] = \max(\text{ms}[3][2], \text{ms}[3][3]) + \text{digits}[2][2]$$
$$= \max(13, 10) + 8$$
$$= 21 \tag{8.11}$$

(5) 以 ms[2][MAX]为基础向第 1 行进行迭代,如式(8.12)所示。
$$\text{ms}[1][1] = \max(\text{ms}[2][1], \text{ms}[2][2]) + \text{digits}[1][1]$$
$$= \max(23, 21) + 7$$
$$= 30 \tag{8.12}$$

迭代到 ms[1][1]时,到达出口,获得最佳路径值为 30。

实现代码如下。

程序清单 8-3　ex8_1_3triangleDP2.c

```
1   #define _CRT_SECURE_NO_WARNINGS
2   #include<stdio.h>
3   #include<stdlib.h>
4   #define MAX 101
5   int get_max(int x,int y)
6   {
7       return x > y ? x : y;
8   }
9   int main()
10  {
11      int i, j, lines, digits[MAX][MAX], ms[MAX][MAX];
12      for(i =0; i < MAX; i++)
13          for(j =0; j < MAX; j++)
14              ms[i][j]= digits[i][j]=-1;
15  
16      printf("请输入数字三角形的行数：");
17      scanf("%d",&lines);//5
18      printf("请输入数字三角形的各行\n");
19      //7  3 8  8 1 0   2 7 4 4   4 5 2 6 5
20      for(i =1; i <= lines; i++)
21          for(j =1; j <= i; j++)
22              scanf("%d",&digits[i][j]);
23  
24      //初始化已知边界条件,将最后一行化为初始 maxSum 值
25      for(i =1; i <= lines; i++)
26          ms[lines][i]= digits[lines][i];
27  
28      for(i = lines -1; i >=1; i--)
29          for(j =1; j <= i; j++)
30              ms[i][j]= get_max(ms[i +1][j], ms[i +1][j +1])+ digits[i][j];
31  
32      printf("数字三角形的最大路径值为：");
33      printf("%d\n",ms[1][1]);//30
34      system("pause");
35      return 0;
36  }
```

运行结果如下。

```
请输入数字三角形的行数: 5
请输入数字三角形的各行
7
3 8
8 1 0
2 7 4 4
4 5 2 6 5
数字三角形的最大路径值为: 30
```

3. 递推代码的进一步优化

上述代码仍然可以针对迭代存储空间进一步优化。因为,最终需要的最佳路径之和只是一个值,完全没必要使用二维数组存储迭代过程中的每一个结果。因此,只要从底层一行行向上递推,递推过程中不断更新最佳路径值即可。定义一维数组 ms[MAX]存储并不断更新迭代过程中产生的最佳路径之和,递推过程如下。

(1) 初始化。

将数字三角形中底边对应的最后一行数值 digits[5][MAX]赋值给保存最佳路径的一维数组 ms[MAX]作为迭代的初始值,如图 8-5 第 5 行所示。

图 8-5 以一维数组存储最佳路径和的迭代过程

(2) 利用 digits[4][MAX]更新 ms[MAX]。

根据递推公式可知,ms[i]的值是由 ms[i]和 ms[i+1]两者中的最大值与 digits[4][i]之和构成(如图 8-5 第 4 行所示),计算过程如下。

$$ms[1] = \max(ms[1], ms[2]) + digits[4][1] = \max(4,5) + 2 = 7$$
$$ms[2] = \max(ms[2], ms[3]) + digits[4][2] = \max(5,2) + 7 = 12$$
$$ms[3] = \max(ms[3], ms[4]) + digits[4][3] = \max(2,6) + 4 = 10$$
$$ms[4] = \max(ms[4], ms[5]) + digits[4][4] = \max(6,5) + 4 = 10$$

此时,ms[5]虽然仍被占用,但实际已经处于被废弃的无效状态。

(3) 利用 digits[3][MAX]更新 ms[MAX],如图 8-5 第 3 行所示。

$$ms[1] = \max(ms[1], ms[2]) + digits[3][1] = \max(7,12) + 8 = 20$$

$$\mathrm{ms}[2] = \max(\mathrm{ms}[2], \mathrm{ms}[3]) + \mathrm{digits}[3][2] = \max(12,10) + 1 = 13$$
$$\mathrm{ms}[3] = \max(\mathrm{ms}[3], \mathrm{ms}[4]) + \mathrm{digits}[3][3] = \max(10,10) + 0 = 10$$

（4）利用 digits[2][MAX] 更新 ms[MAX]，如图 8-5 第 2 行所示。
$$\mathrm{ms}[1] = \max(\mathrm{ms}[1], \mathrm{ms}[2]) + \mathrm{digits}[2][1] = \max(20,13) + 3 = 23$$
$$\mathrm{ms}[2] = \max(\mathrm{ms}[2], \mathrm{ms}[3]) + \mathrm{digits}[2][2] = \max(13,10) + 8 = 21$$

（5）利用 digits[1][MAX] 更新 ms[MAX]，如图 8-5 第 1 行所示。
$$\mathrm{ms}[1] = \max(\mathrm{ms}[1], \mathrm{ms}[2]) + \mathrm{digits}[1][1] = \max(23,21) + 7 = 30$$

迭代到 digits[1][1] 时，到达出口，获得的最佳路径值为 30。

实现代码如下。

程序清单 8-4　ex8_1_4triangleDP3.c

```c
1   #define _CRT_SECURE_NO_WARNINGS
2   #include<stdio.h>
3   #include<stdlib.h>
4   #define MAX 101
5   int get_max(int x,int y)
6   {
7       return x > y ? x : y;
8   }
9   int main()
10  {
11      int i, j, lines, digits[MAX][MAX], ms[MAX];
12  
13      printf("请输入数字三角形的行数：");
14      scanf("%d",&lines);//5
15      printf("请输入数字三角形的各行\n");
16      //7  3 8  8 1 0   2 7 4 4   4 5 2 6 5
17      for(i =1; i <= lines; i++)
18          for(j =1; j <= i; j++)
19              scanf("%d",&digits[i][j]);
20  
21      for(i=1; i <= lines; i++)
22          ms[i]= digits[lines][i];
23  
24      for(i = lines -1; i >=1;--i)
25          for(j =1; j <= i;++j)
26              ms[j]= get_max(ms[j], ms[j +1])+ digits[i][j];
27      printf("数字三角形的最大路径值为:%d\n", ms[1]);
28      system("pause");
29      return 0;
30  }
```

程序清单 8-4 中，第 17~19 行的嵌套 for 循环用于读入数字三角形的各行内容；第 21~22 行的 for 循环将数字三角形中底边对应的最后一行数值 digits[5][MAX] 赋值给保存最佳路径的一维数组 ms[MAX] 作为迭代的初始值；第 24~26 行的嵌套 for 循环根据动态规划思想计算并更新最大路径值。

运行结果如下。

```
请输入数字三角形的行数：5
请输入数字三角形的各行
7
3 8
8 1 0
2 7 4 4
4 5 2 6 5
数字三角形的最大路径值为：30
```

8.2 最长公共子序列

最长公共子序列(Longest Common Sequence,LCS)是指在一个由两个及两个以上序列构成的序列集中查找所有序列的公共子序列的最大值，子序列在原序列中的位置可以不连续。最长公共子序列问题是计算机科学中一个经典问题，在版本控制中有广泛应用。

设序列 LCS 是序列集 $\{S_1, S_2, \cdots, S_n\}$ 中所有序列的子序列(这里的序列通常指字符串)，而且是所有子序列中长度最长的，则称 LCS 是序列集 $\{S_1, S_2, \cdots, S_n\}$ 的最长公共子序列。例如，给定 S_1(ABCBDAB)和 S_2(BDCABA)构成的序列集，则 LCS=(BDAB)是二者的最长公共子序列。需要注意的是，最长公共子序列并不唯一，但长度相同，如 S_1(ABCBDAB)和 S_2(BDCABA)的最长公共子序列还有 LCS=(BCBA)等。

8.2.1 最长公共子序列问题过程分析

最长公共子序列是典型的动态规划问题，该问题具有最优子结构和重叠子问题两个典型特征。因此，求解最长公共子序列问题就是最优化问题。

设 LCS(X,Y)是序列 $X=\{x_1, x_2, \cdots, x_n\}$ 和 $Y=\{y_1, y_2, \cdots, y_m\}$ 的最长公共子序列。正向出发解决该问题比较烦琐且难于理解，可以逆向出发从序列尾部着手考虑该问题。

(1) 若 $X=\{x_1, x_2, \cdots, x_n\}$ 和 $Y=\{y_1, y_2, \cdots, y_m\}$ 的最后一个元素相同，即 $x_n = y_m$，则该元素是 LCS(X,Y)中的最后一个元素。求解 LCS(X,Y)就分解为 LCS(X_{n-1}, Y_{m-1})的最长公共子序列与 x_m 合并。因此，LCS(X_{n-1}, Y_{m-1})的最长公共子序列就决定了 LCS(X,Y)的最长公共子序列。

(2) 若 $x_n \neq y_m$，则 x_n 不在 LCS(X,Y)中，或 y_m 不在 LCS(X,Y)中，产生子问题 LCS(X_{n-1}, Y)和 LCS(X, Y_{m-1})，即 LCS(X,Y)=max$\{$LCS(X_{n-1}, Y), LCS(X, Y_{m-1})$\}$。

综合上述两点，子问题的最优解就是原问题的最优解，体现了最优子结构这一性质。同时，原问题转化为规模更小的子问题。两种情况下，子问题 LCS(X_{n-1}, Y_{m-1})、LCS(X_{n-1}, Y)和 LCS(X, Y_{m-1})看似无重叠，实质上存在重叠部分，如 LCS(X_{n-1}, Y)和 LCS(X, Y_{m-1})求解就包含了 LCS(X_{n-1}, Y_{m-1})。而且随着问题的进一步分解，重叠部分会越来越多。

用二维数组 $f[\,][\text{MAX}]$ 表示序列 $X=\{x_1, x_2, \cdots, x_n\}$ 和 $Y=\{y_1, y_2, \cdots, y_m\}$ 的最长公共子序列，其中 $f[i][j]$ 表示到序列 X 的第 i 位和 Y 的第 j 位时最长公共子序列的长

度,则有式(8.13):

$$f[i][j] = \begin{cases} 0 & i=0 \text{ 或 } j=0 \\ f[i-1][j-1]+s(i,j) & i,j>0 \text{ 且 } x_i=y_j \\ \max(f[i-1][j], f[i][j-1]) & i,j>0 \text{ 且 } x_i \neq y_j \end{cases} \quad (8.13)$$

简化表示为 $f[i][j] = \max\{f[i-1][j-1]+s(i,j), f[i-1][j], f[i][j-1]\}$。其中,$i,j>0$,$s(i,j)$ 表示 X 的第 i 位和 Y 的第 j 位是否相同,$x_i = y_j$ 时 $s(i,j)=1$,否则 $s(i,j)=0$。

8.2.2 最长公共子序列问题代码分析

在实现过程中,二维数组 longest[ ][MAX]存放 X 和 Y 之间最大公共子序列的长度,二维数组 path[ ][MAX]用来保存子序列的来源(通过该数组可以回溯最长公共子序列的内容)。

1. 在 longest [ ] [MAX] 数组中添加"起始墙"

将数组的第一行和第一列全部置为 0 作为"墙"。所谓的"墙"就是边界,该边界作为求解的初始条件。从边界出发利用公式不断迭代出 X 和 Y 中下一个元素对应的最长公共子序列。

2. 求解公共子序列的长度

针对 X 序列中的每一个 x_i,从头至尾扫描序列 Y 中的每一个字符 y_j ($1 \leqslant j \leqslant m$)。当 $x_i = y_j$ 时,根据公式可得 longest[i][j] 的值为 longest[i-1][j-1]+1。如图 8-6 所示,$x_3 = y_3 = $ 'C',longest[3][3]=longest[2][2]+1。

到目前为止,我们只知道 longest[i][j] 的值是到 x_i 和 y_j 时所包含的最长公共子序列长度。分析到此,本就可以结束,但 longest[i][j] 的值所蕴含的具体信息始终未得到明确、清晰的说明。当 $x_4 = y_5 = $ 'B'时,如图 8-7 所示,longest[4][5] 的值为 3,可从该值获得如下信息。

图 8-6　最长公共子序列的求解过程　　图 8-7　最长公共子序列的回溯过程

(1) longest[4][5] 的值为 3 说明此时最长公共子序列的长度为 3,其中 $x_4 = y_5 = $ 'B' 贡献出 1 个长度,其余两个长度由前导序列 (X_3, Y_4) 贡献,可通过反向回溯来窥得端倪。回溯到 $(x_3, y_4) = $ ('C', 'A'),$x_3 \neq y_4$,说明字符对 (x_3, y_4) 对 2 个长度的公共子序列无贡献,(X_3,Y_4)所包含的长度为 2 的公共子序列来源于(X_3,Y_3)或(X_2,Y_4)。

(2) longest[3][3]=2>longest[2][4]=1,所以必定来源于(X_3,Y_3)。此时,$x_3=y_3=$'C'贡献出一个长度,其余一个长度由前导序列(X_2,Y_2)贡献。回溯到$(x_2,y_2)=$('B','D'),$x_2 \neq y_2$,说明字符对(x_2,y_2)对 1 个长度的公共子序列无贡献,(X_2,Y_2)所包含的长度为 1 的公共子序列来源于(X_2,Y_1)或(X_1,Y_2)。

(3) longest[2][1]=1 是两者中最大值,因此来源于(X_2,Y_1)。此时,$x_2=y_1=$'B'。

所以,longest[4][5]=3 除了说明此时最长公共子序列长度为 3 之外,还蕴含了当前最长的一个公共子序列为"BCB",如图 8-7 所示。

3. 求解公共子序列的内容

使用数组 longest[ ][MAX]正向求解最长公共子序列长度时,使用二维数组 path[ ][MAX]作为辅助保存方向信息。求解完毕后,利用 path[ ][MAX]在出口处反向回溯求得子序列内容。求解过程中,只有来源于对角线方向,并且导致子序列长度增加的序列值才是有意义的。

(1) 保存正向求解时的方向信息。

利用公式迭代求解最长子序列长度时,当$x_i=y_j$时,令 path[i][j]=1;不相等时,若 $LCS(X,Y_{m-1}) \geq LCS(X_{n-1},Y)$,则令 path[i][j]=2,否则 path[i][j]=3。

(2) 反向回溯求解子序列内容。

从出口 path[7][6]出发(因为 longest[7][6]是求解获得的最长子序列长度,也是两序列的结束位置)反向回溯。path[7][6]=2,说明该值来源于$LCS(X,Y_{m-1})$,即 path[7][5]。path[7][5]=1,说明序列值是有意义的,保留$x_7=$'B'或y_5(二者值是相同的),回溯到 path[6][4]。path[6][4]=1,序列值有意义,保留$x_6=$'A',回溯到 path[5][3]。path[5][3]=2,说明该值来源于$LCS(X,Y_{m-1})$,即 path[5][2]=1,有意义,保留$x_5=$'D',回溯到 path[4][1]。path[4][1]=1,有意义,保留$x_4=$'B',再向前回溯时到达边界,如图 8-8 所示。

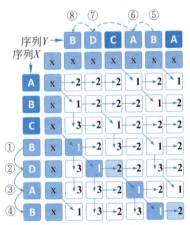

图 8-8 从出口处反向回溯求得最长公共子序列的内容

因为子序列内容是反向存储的,所以获得的最长公共子序列为$(x_4x_5x_6x_7)=$"BDAB"。需要注意,代码中不同的处理逻辑会导致最长公共子序列内容不唯一,但长度是相同的。

实现代码如下。

程序清单 8-5　ex8_2LCS.c

```c
1   #define _CRT_SECURE_NO_WARNINGS
2   #include<stdio.h>
3   #include<stdlib.h>
4   #define MAX 100
5   int get_max(int x,int y)
6   {
7       return x > y ? x : y;
8   }
9   int main()
10  {
11
12      int longest[MAX][MAX];           //存放 i,j 之间最长公共子序列的长度
13      int path[MAX][MAX];              //保存子序列来源
14      char commstr[MAX], str1[MAX], str2[MAX];
15      int len1, len2, i, j, k;
16
17      printf("请输入序列 X 和 Y\n");
18      //ABCBDAB BDCABA -->4 BDAB
19      scanf("%s%s",&str1,&str2);
20
21      len1 = strlen(str1);
22      len2 = strlen(str2);
23      for(i =0; i <= len1; i++)        //第一列初始化为 0
24          longest[i][0]=0;
25      for(j =0; j <= len2; j++)        //第一行初始化为 0
26          longest[0][j]=0;
27
28      for(i =1; i <= len1; i++)
29      {
30          for(j =1; j <= len2; j++)
31          {
32              if(str1[i -1]== str2[j -1])
33              {
34                  longest[i][j]= longest[i -1][j -1]+1;
35                  path[i][j]=1;
36              }
37              else if(longest[i][j -1]>= longest[i -1][j])
38              {
39                  longest[i][j]= longest[i][j -1];
40                  path[i][j]=2;
41              }
42              else
```

```
43              {
44                  longest[i][j]= longest[i -1][j];
45                  path[i][j]=3;
46              }
47          }
48      }
49      printf("序列%s 和序列%s 的最长公共子序列长度为: ", str1, str2);
50      printf("%d\n", longest[len1][len2]);
51
52      //从路径回溯获得逆序存储的最长公共子序列
53      k =0;
54      i = len1, j = len2;
55      while(i >0&& j >0)
56      {
57          if(path[i][j]==1)              //向左斜上回溯
58          {
59              commstr[k++]= str1[i -1];
60              i--;
61              j--;
62          }
63          else if(path[i][j]==2)         //向左回溯
64              j--;
65          else if(path[i][j]==3)         //向上回溯
66              i--;
67      }
68      printf("序列%s 和序列%s 的最长公共子序列为: ", str1, str2);
69      while(k >=0)
70          printf("%c", commstr[--k]);
71      printf("\n");
72      system("pause");
73      return 0;
74  }
```

程序清单 8-5 中,第 23~26 行的两个 for 循环用于初始化边界"墙";第 28~48 行的嵌套 for 循环根据式(8.13)计算最长公共子序列,同时将序列的来源信息保存于二维数组 path[][]当中以便回溯计算子序列内容,其中第 32~36 行的 if 语句块对应于对角线元素 str1[i−1]和 str2[j−1]的相等条件(LCS(X_{n-1},Y_{m-1})),第 37~41 行的 else if 语句块对应于 j−1 列(LCS(X_{n-1},Y))具有更长公共子序列的条件,第 42~46 行的 else 子句对应 i−1 行(LCS(X,Y_{m-1}))具有更长公共子序列的条件。第 55~67 行的 while 循环用于从已经保存的 path[][]中回溯获得公共子序列的内容。第 69~71 行的 while 循环用于输出公共子序列的内容。

运行结果如下。

```
请输入序列X和Y
ABCBDAB BDCABA
序列ABCBDAB和序列BDCABA的最长公共子序列长度为: 4
序列ABCBDAB和序列BDCABA的最长公共子序列为: BDAB
```

8.3 编辑距离

工程上常常需要比较两个向量、集合或者概率分布的相似程度,例如机器学习中的聚类问题、机器视觉中的立体匹配以及数字图像处理中的图像检索等问题。评价两事物间的相似程度称为相似性度量,两个事物越接近则二者的相似度越高,否则二者的相似度就越低。相似性度量的方法多种多样,需要根据不同应用领域内的实际问题选择相应的度量方法。

通常通过距离来衡量向量间或集合间的相似程度,距离越近则相似程度越高。范数可对应为空间的某种表达,因此度量距离时常常使用范数。常用的范数包括 L1 范数(曼哈顿距离)、L2 范数(欧几里得距离)、L_infinity 范数(切比雪夫距离)及 p 范数(闵可夫斯基距离)等。

8.3.1 编辑距离的正向生成

在信息论、语言学和计算机科学领域,使用编辑距离度量两个序列的相似程度。俄罗斯数学家 Vladimir Levenshtein(莱文斯坦)在 1965 年发明了编辑距离算法,因此编辑距离也称莱文斯坦距离。简而言之,两个单词之间的编辑距离是指由单词 A 转换为单词 B 所需要的最少单字符编辑操作次数。

对于给定的字符序列 X 和 Y,将序列 X 变换为序列 Y 有插入、删除和替换 3 种操作。针对插入、删除和替换操作,可以定义不同代价(通常均设置为 1)。因此,编辑距离其实就是求序列 X 变换为序列 Y 的最小操作代价。

假定所有操作代价为 1,将序列 $X=$"intention"变换为序列 $Y=$"execution",需要如下操作:

(1) "intention"→"inention"(删除't');
(2) "inention"→"enention"('i'替换为'e');
(3) "enention"→"exention"('n'替换为'x');
(4) "exention"→"exection"('n'替换为'c');
(5) "exection"→"execution"(插入'u')。

因此,序列 $X=$"intention"变换为序列 $Y=$"execution"的编辑距离为 5。

令 $\text{lev}_{X,Y}(i,j)$ 表示序列 $X_{1\sim m}$ 的子序列 $X_i=(x_1 x_2 \cdots x_i)$ 到 $Y_{1\sim n}$ 的子序列 $Y_j = (y_1 y_2 \cdots y_j)$ 的编辑距离,则编辑距离 $\text{lev}_{X,Y}(i,j)$ 可以描述为式(8.14)。

$$\text{lev}_{X,Y}(i,j) = \begin{cases} \max(i,j), & \min(i,j)=0 \\ \min \begin{cases} \text{lev}_{X,Y}(i-1,j)+1, \\ \text{lev}_{X,Y}(i,j-1)+1, \\ \text{lev}_{X,Y}(i-1,j-1)+\text{same}(i,j), \end{cases} & \min(i,j)>0 \end{cases} \quad (8.14)$$

其中,$\text{same}(i,j)$ 为标志函数,当 $x_i=y_j$ 时值为 0,否则为 1。规定插入、删除和替换操作的代价均为 1 时(也可定义其他不同代价),对式(8.14)的解释如下。

(1) $\min(i,j)=0$ 是首行和首列的初始化。

当 $i=0$ 时,需要经过 j 次插入才能达到 Y_j 状态;当 $j=0$ 时,需要将 X_i 进行 i 次删除才能达到目标序列为空的状态。

初始化的工作是构成"墙",即形成边界。"墙"的作用有如下两个:

① 从行的角度来看,第 0 行表示当待转换序列为空时,需要经过若干次插入操作才能转换为目标序列;第 0 列则表示当目标串为空时,需要将待转换串经过若干次删除操作才能达到目标;

② "墙"可以确保动态规划算法递推过程的顺利进行,推算新编辑长度时总能保证可由 3 个已知推出 1 个未知。例如求解 $\text{lev}_{X,Y}(1,1)$ 时,$\text{lev}_{X,Y}(0,0)$、$\text{lev}_{X,Y}(0,1)$ 和 $\text{lev}_{X,Y}(1,0)$ 均为已知,其他递推过程以此类推。

(2) 定义 $\text{lev}_{X,Y}(i,j-1)+1$ 为插入操作,即在 $X_i \Rightarrow Y_{j-1}$ 的基础上插入一个新的字符 y_j;$\text{lev}_{X,Y}(i-1,j)+1$ 为删除操作,是在 $X_{i-1} \Rightarrow Y_j$ 的基础上删除一个字符 y_j;$\text{lev}_{X,Y}(i-1,j-1)+1$ 为在 $X_{i-1} \Rightarrow Y_{j-1}$ 的基础上进行 $x_i \to y_j$ 的替换操作。

(3) 非首行/首列编辑距离的推导。

取得编辑距离 $\text{lev}_{X,Y}(i,j)$ 的值有两大类、四小类情况,分别描述如下。

① 在 $x_i = y_j$ 时,不需要进行插入、删除和替换操作,当前编辑距离就是 $\text{lev}_{X,Y}(i-1, j-1)$;

② 当 $x_i \neq y_j$ 时,当前编辑距离或者来源于插入 $\text{lev}_{X,Y}(i,j-1)+1$,或者来源于删除 $\text{lev}_{X,Y}(i-1,j)+1$,或者来源于替换 $\text{lev}_{X,Y}(i-1,j-1)+1$。

图 8-9 给出了将序列 $X=$"intention"变换为序列 $Y=$"execution"的过程中所有相关的编辑距离。例如,从 X 的子序列"inten"转换为 Y 的子序列"executi"的编辑距离为 7。

序列Y→ 序列X↓	e	x	e	c	u	t	i	o	n
	0	1	2	3	4	5	6	7	8	9
i	1	1	2	3	4	5	6	6	7	8
n	2	2	2	3	4	5	6	7	7	7
t	3	3	3	3	4	5	5	6	7	8
e	4	3	4	3	4	5	6	6	7	8
n	5	4	4	4	4	5	6	7	7	7
t	6	5	5	5	5	5	5	6	7	8
i	7	6	6	6	6	6	6	5	6	7
o	8	7	7	7	7	7	7	6	5	6
n	9	8	8	8	8	8	8	7	6	5

图 8-9 序列 X 变换为序列 Y 的过程

虽然已经熟悉了动态规划算法,也理解了编辑距离的生成方法,但编辑距离的生成过程仍是最难理解的部分。下面通过图 8-10 以几个编辑距离为例说明其生成过程。

(1) $\text{lev}_{X,Y}(2,3)$ 的求解过程如下。

$\text{lev}_{X,Y}(2,3)$ 对应从"in"→"exe"。"in"→"exe"的变化路径有多条:

① 插入'e','i'→'x'和'n'→'e',见图 8-10 上半部分实线的变化过程;

图 8-10 编辑距离的计算实例

② 'i'→'e',插入'x','n'→'e',见图 8-10 上半部分虚线转实线的变化过程;

③ 'i'→'e','n'→'x',插入'e',见图 8-10 上半部分虚线的变化过程。

(2) $\text{lev}_{X,Y}(1,7)$ 的生成过程如下。

$\text{lev}_{X,Y}(1,7)$ 对应从"i"→"executi",生成过程比较简单。连续插入"execut"共 6 个字符,处理到第 7 个字符时有 $x_1=y_7=$'i',无须进行任何操作。所以 $\text{lev}_{X,Y}(1,7)=6$。

(3) $\text{lev}_{X,Y}(2,6)$ 的生成过程如下。

$\text{lev}_{X,Y}(2,6)$ 对应从"in"→"execut",生成过程较为复杂,有以下几种方法。

① 插入"exec"共 4 个字符,'i'→'u'和'n'→'t';

② 'i'→'e'和'n'→'x',再插入"ecut"共 4 个字符;

③ 'i'→'u',插入'x','n'→'e',再插入"cut"共 3 个字符。

除此之外,还有许多其他生成路径,不再一一赘述。

8.3.2 操作序列的逆向回溯

由出口逆向回溯获得操作序列的过程较为烦琐。下面从 $\text{lev}_{X,Y}(9,9)$ 逆向回溯,给出获得操作序列过程的简要分析,如图 8-11 所示。

图 8-11 从出口逆向回溯获得操作序列

(1) $\text{lev}_{X,Y}(9,9) = \text{lev}_{X,Y}(8,8) = 5$,并且 $x_8 = y_8 = \text{'o'}$,所以从 $\text{lev}_{X,Y}(8,8)$ 到 $\text{lev}_{X,Y}(9,9)$ 未执行任何操作。

(2) $\text{lev}_{X,Y}(8,8) = \text{lev}_{X,Y}(7,7) = 5$,并且 $x_7 = y_7 = \text{'i'}$,所以从 $\text{lev}_{X,Y}(7,7)$ 到 $\text{lev}_{X,Y}(8,8)$ 未执行任何操作。

(3) $\text{lev}_{X,Y}(7,7) = \text{lev}_{X,Y}(6,6) = 5$,并且 $x_6 = y_6 = \text{'t'}$,所以从 $\text{lev}_{X,Y}(6,6)$ 到 $\text{lev}_{X,Y}(7,7)$ 未执行任何操作。

(4) $\text{lev}_{X,Y}(6,6) = \text{lev}_{X,Y}(5,5) = 5$,虽然 $x_5 \neq y_5$,但 $\text{lev}_{X,Y}(5,5) = \text{lev}_{X,Y}(4,4) + 1$,所以从 $\text{lev}_{X,Y}(4,4)$ 到 $\text{lev}_{X,Y}(5,5)$ 执行了 'n'→'u' 替换操作。

(5) $\text{lev}_{X,Y}(4,4) = \text{lev}_{X,Y}(3,3) + 1$,且 $x_4 \neq y_4$,所以从 $\text{lev}_{X,Y}(3,3)$ 到 $\text{lev}_{X,Y}(4,4)$ 执行了 'e'→'c' 替换操作。

(6) $\text{lev}_{X,Y}(3,3) = \text{lev}_{X,Y}(2,2) + 1$,且 $x_3 \neq y_3$,所以从 $\text{lev}_{X,Y}(2,2)$ 到 $\text{lev}_{X,Y}(3,3)$ 执行了 't'→'e' 替换操作。

(7) $\text{lev}_{X,Y}(2,2) = \text{lev}_{X,Y}(1,1) + 1$,且 $x_2 \neq y_2$,所以从 $\text{lev}_{X,Y}(1,1)$ 到 $\text{lev}_{X,Y}(2,2)$ 执行了 'n'→'x' 替换操作。

(8) $\text{lev}_{X,Y}(1,1) = \text{lev}_{X,Y}(0,0) + 1$,且 $x_1 \neq y_1$,所以从 $\text{lev}_{X,Y}(0,0)$ 到 $\text{lev}_{X,Y}(1,1)$ 执行了 'i'→'e' 替换操作。

至此,逆向回溯完毕,正向取出即可获得编辑距离对应的操作序列。

但也应注意到,实际逆向回溯对应的操作序列有多种方式并存的现象:

(1) 删除'i','n'→'e','t'→'x','e'不变,'n'→'c',插入'u';

(2) 删除'i','n'→'e','t'→'x','e'不变,插入'c','n'→'u',其他不变;

(3) 'i'→'e',删除'n','t'→'x','e'不变,'n'→'c',插入'u',其他不变。

除此之外,还有许多其他操作序列也可以达到从序列 $X = \text{"intention"}$ 变换为序列 $Y = \text{"execution"}$ 的目标。

实现代码如下。

程序清单 8-6 ex8_3levDistance.c

```c
1   #define _CRT_SECURE_NO_WARNINGS
2   #include<stdio.h>
3   #include<stdlib.h>
4   #define MAX 101
5   int get_min(int x,int y)
6   {
7       return x < y ? x : y;
8   }
9   void dit_distance(char s1[],char s2[],int ld[][MAX],int len1,int len2)
10  {
11      int i, j;
12      for(i =0; i < MAX; i++)
13          for(j =0; j < MAX; j++)
14              ld[i][j]=0;
15      for(i =0; i <= len1; i++)
```

```c
16          ld[i][0] = i;
17      for(i = 0; i <= len2; i++)
18          ld[0][i] = i;
19      for(i = 1; i <= len1; i++)
20      {
21          for(j = 1; j <= len2; j++)
22          {
23              if(s1[i -1] == s2[j -1])                       //由定义计算
24                  ld[i][j] = ld[i -1][j -1];
25              else
26                  ld[i][j] = get_min(get_min(ld[i][j -1]+1, ld[i -1][j]+1),
                        ld[i -1][j -1]+1);
27          }
28      }
29  }
30  void retrieve_path(char s1[], char s2[], int ld[][MAX], int len1, int len2)
31  {
32      char buffer[MAX][MAX];
33      int i, j, count = 0, k = 0;
34      int diff;
35      for(i = len1, j = len2;;)
36      {
37          if(i < 1 && j < 1)
38              break;
39          if(s1[i -1] == s2[j -1])
40              diff = 0;
41          else
42              diff = 1;
43          if(ld[i][j] == ld[i -1][j -1]+ diff && i >=1 && j >=1)
44          {
45              if(diff)                                        //替换, i--, j--
46              {
47                  count++;
48                  sprintf(buffer[count], "在 %d 处用 %c 替换 %c", i, s1[i -1], s2[j -1]);
49              }
50              i--;
51              j--;
52          }
53          else if(ld[i][j] == ld[i -1][j]+1 && i >=1)          //删除 i, i--
54          {
55              count++;
56              sprintf(buffer[count], "在 %d 处删除 %c", i, s1[i -1]);
57              i--;
58          }
59          else if(ld[i][j] == ld[i][j -1]+1 && j >=1)          //增加 i+1 处, j--
60          {
```

```
61                count++;
62                sprintf(buffer[count],"在 %d 处插入 %c", i +1, s2[j-1]);
63                j--;
64            }
65        }
66    while(count >0)
67    {
68        k++;
69        printf("%d %s\n", k, buffer[count]);
70        count--;
71    }
72 }
73 int main()
74 {
75    char sX[MAX], sY[MAX];
76    int len1, len2, step, lev_dist[MAX][MAX];
77    printf("请输入待求编辑距离的序列 X 和 Y\n");
78    scanf("%s%s",&sX,&sY);//intention execution
79    len1 = strlen(sX);
80    len2 = strlen(sY);
81
82    edit_distance(sX, sY, lev_dist, len1, len2);
83
84    printf("从序列%s 转换到%s 的编辑距离为: ", sX, sY);
85    printf("%d\n", lev_dist[len1][len2]);
86    printf("从序列%s 转换到%s 的操作序列为: \n", sX, sY);
87
88    step =0;
89    retrieve_path(sX, sY, lev_dist, len1, len2);
90    system("pause");
91    return 0;
92 }
```

在程序清单 8-6 的 edit_distance() 函数中,第 12～14 行代码用于初始化保存最小编辑距离的二维数组,同时也完成了初始化边界"墙"的功能;第 15～18 行的两个 for 循环用于初始化首行和首列对应的边界条件,即在无源字符序列时只需要经过 j 次插入就可转换为目标字符序列,在目标字符序列为空时只需经过 i 次删除操作就可将源字符序列转换为空;第 19～28 行的嵌套 for 循环根据动态规划算法思想应用式(8.14)对最小编辑距离进行求解并保存于二维数组 ld[][]当中。

retrieve_path()函数实现了从 ld[][]回溯获得替换、删除和插入等具体操作的过程,第 37～38 行是循环的出口;第 39～42 行的 if 语句块用于确定 s1[i-1]和 s2[j-1]是否相等并设置标志量 diff;第 43～64 行的 if…else if 语句块分别用于回溯替换、删除和插入操作过程。

运行结果如下。

```
请输入待求编辑距离的序列X和Y
intention execution
从序列intention转换到execution的编辑距离为：5
从序列intention转换到execution的操作序列为：
1 Replace at 1: i with e
2 Replace at 2: n with x
3 Replace at 3: t with t
4 Replace at 4: e with c
5 Replace at 5: n with u
```

8.4　0-1背包问题（一）

在计算复杂性理论和密码学等领域中，经常会遇到组合优化问题。这类组合优化问题通常会给定一组具有某种属性和价值的事物，要求在满足指定条件的前提下，求得符合条件的最优解。背包问题就是一类常见的组合优化问题。

背包问题主要分为 0-1 背包、完全背包和多重背包三大类。

0-1 背包：有 N 种物品和一个背包，其中背包的最大容量为 W，第 i 件物品的体积和价值分别为 c_i 和 v_i。每种物品只能选择 0 件或 1 件，计算最优选择使得背包中装入物品的总价值最大。

完全背包，也称无界背包（物品数量无限制）：有 N 种物品和一个背包，其中背包的最大容量为 W，第 i 种物品的质量和价值分别为 w_i 和 v_i。不限定每种物品的数量，确定物品的选择方案使得背包中装入物品的总价值最大。

多重背包，也称为有界背包：有 N 种物品和一个背包，其中背包的最大容量为 W，第 i 种物品的质量和价值分别为 w_i 和 v_i。第 i 种物品最多只能选择 b_i 个，计算选择物品的最优方案使得背包中装入物品的总价值最大。

三种背包问题的共同特点：背包问题有一个共同限制，就是求解目标是让背包中的物品价值最大。三种背包问题的不同之处在于，0-1 背包问题中每种物品只能取 0 或 1 个，完全背包问题中不限定每种物品的数量，多重背包问题中每种物品都有各自的数量限制。

虽然三种背包问题对物品数量限制不同，但均可转化为 0-1 背包问题。例如，完全背包问题中每种物品数量虽无限制，但在背包容量有限的前提下，每种物品可以选择的数量也是有限的。因此，0-1 背包问题是解决所有背包问题的关键。

8.4.1　0-1 背包问题过程分析

假设有 A、B、C、D、E 五种宝物（分别编号 1、2、3、4、5，用 A1、B2、C3、D4 和 E5 表示），每件都是独一无二的稀世珍品，宝物的质量和价值分别为 {2,2,6,5,4} 和 {6,3,5,4,6}。现有容量为 10 的背包，设计装包方案使包中宝物的价值最高。

本题是典型的动态规划问题，动态规划的本质就是从给定条件出发利用递推公式进行填表的过程，只是有的填表过程简单可以直接填写，有的填表过程复杂需要再经过进一步计算才能完成。表中记录了所有子问题的解，填表过程就是不断利用子问题的解求解上一层问题的解的过程。当表中最后一格填写完成之后，就获得了整个问题的最终解。从该最终解向前不断推算，可以获得求解过程中参与贡献的各个节点信息。

填表求解过程中，每个新问题的解都需要用到前面子问题的解，而且该解都优于或等于目前最优的方案，如图 8-12 所示。若有更优方案则更新当前方案，否则设置当前方案为上一步的方案。

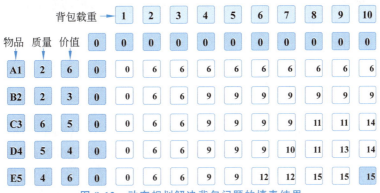

图 8-12　动态规划解决背包问题的填表结果

上述 0-1 背包问题可拆分为如下 5 个子问题：
（1）在背包容量为 10 且只有 A1 的条件下，找出该问题的解；
（2）在背包容量为 10 且只有{A1,B2}的条件下，找出该问题的解；
（3）在背包容量为 10 和物品为{A1,B2,C3}的条件下，找出该问题的解；
（4）在背包容量为 10 和物品为{A1,B2,C3,D4}的条件下，找出该问题的解；
（5）在背包容量为 10 和物品为{A1,B2,C3,D4,E5}的条件下，找出该问题的解。

求解子问题（2）时，需要用到子问题（1）的结果。将（2）的可能方案与（1）的方案逐项比较，若有方案优于（1）中已经获得的方案则更新（2）的当前方案，否则就继续沿用（1）的方案。

求解子问题（3）、子问题（4）和子问题（5）都采用相同的处理方法，而子问题（5）就是原问题。所以，子问题（5）的解就是所求原问题的解。

确定 0-1 背包子问题结构的思想并不复杂，甚至说是朴素的。假定前 $i-1$ 个物品的选择方案已经确定，对于第 i 个物品有两种选择：

（1）若当前空余容量/载重与物品 i 不相容（背包放不下），只能放弃第 i 个物品，当前最优的方案就是之前获得的子问题方案。因此，将子问题方案设置为当前方案。

（2）若当前空余容量/载重与物品 i 相容（背包放得下），则涉及是否选择第 i 个物品的问题。

① 若选择第 i 个物品后产生的结果优于之前获得的方案，则选择第 i 个物品，更新选择方案。

② 选择第 i 个物品后不会产生优于之前获得的方案，果断放弃选择第 i 个物品，保留子问题方案作为当前方案。

8.4.2　0-1 背包问题代码分析

接下来，给出 0-1 背包问题的抽象描述。

给定 $X=\{x_1,x_2,\cdots,x_n\}=\{(w_1,v_1),(w_2,v_2),\cdots,(w_n,v_n)\}$ 和 C，求解：

$$\max \sum_{i=1}^{n} v_i s_i, \text{其中 } s_i \in (0,1), \text{服从条件} \sum_{i=1}^{n} w_i s_i \leqslant C.$$

求解过程中，使用二维数组 pack[MAX_ELEMENTS][MAX_CAPACITY]存储求解过程中获得的每个子问题的解。根据分析可知，各子问题解的确定依据如式(8.15)所示。

$$\text{pack}[i][w] = \begin{cases} 0 & i=0 \text{ 或 } w=0 \\ \text{pack}[i-1][w] & w < w_i \\ \max\{\text{pack}[i-1][w], \text{pack}[i-1][w-w_i]+v_i\} & w \geqslant w_i \end{cases}$$
(8.15)

代码中，4 个数组 pack[MAX_ELEMENTS][MAX_CAPACITY]、weights[MAX_ELEMENTS]、values[MAX_ELEMENTS]和 taken[MAX_ELEMENTS]作为辅助来完成问题的求解过程。二维数组 pack[][]用于存放求解过程各子问题的解，并为进一步求解提供支持，pack[i][j]表示将第 i 件物品装入容量为 j 的背包中能够获得的最大价值。数组第一维表示物品的种类数目，第二维表示背包的容量（变化范围从 1～MAX_CAPACITY，这一点很关键，需要特别关注）。weights[]数组用于保存各种物品的质量信息，数组 values[]用来保存物品的价值信息，taken[]则用来保存被选择的物品编号。

(1) 为 pack[MAX_ELEMENTS][MAX_CAPACITY]建立边界。通过动态规划算法求解问题时，保存子问题解的二维数组都需要建立边界，8.3 节中已经给出了边界作用的描述。将 pack[MAX_ELEMENTS][MAX_CAPACITY]数组的首行和首列置 0，也可以这样理解：①背包中不放入物品时，其价值为 0；②将物品放入容量为 0 的背包是无效的，其价值也为 0。

(2) 针对每一种物品，从头至尾去测试在背包的每一个容量下，该物品是否可以放入背包，放入背包后是否能够产生更优的子问题解，如果能则保存子方案。式(8.15)中最难理解的就是 pack[$i-1$][$w-w_i$]+v_i 这个表达式。对 $i-1$ 正确的理解是上一个子问题，最让人费解的是 $w-w_i$。因为 pack[i][j]表示将第 i 件物品装入容量为 j 的背包中能够获得的最大价值，$w-w_i$ 表示在第 i 个物品相容的条件下，将物品放入背包后背包的容量。此时，背包的当前容量为 w，第 i 件物品的质量为 w_i，若将其放入背包则剩余容量为 $w-w_i$。因此，不论 pack[$i-1$][$w-w_i$]复杂与否，其最终总是对应到数组的第 $i-1$ 行第 k 列（令 $k=w-w_i$）的数组元素。数组元素 pack[$i-1$][k]的值的本质含义就是，当 $i-1$ 种物品可选且背包容量为 k 时，子问题对应的最优方案值（背包中物品的最大价值）。当背包目前容量大于第 i 件物品的质量时，需要测试将第 i 件物品放入背包是否可以获得更高的价值，即是否有更优的解决方案。因此，若 pack[$i-1$][k]的值与第 i 件物品的价值 v_i 之和大于 pack[$i-1$][w]则说明放入第 i 件物品可以获得更优的解，放入物品并更新 pack[$i-1$][w]的值为 pack[$i-1$][$w-w_i$]+v_i。

下面结合图 8-13，通过分析应用动态规划算法求解 pack[5][10]的过程了解代码处理逻辑，并进一步体会动态规划的思想及含义。

(1) 当待处理的是第 5 件物品且背包容量为 10 时，对应的位置为 pack[5][10]。第 5 种物品的质量为 4，价值为 6，背包容量为 10，问题相容可以将第 5 种物品放入背包，需要

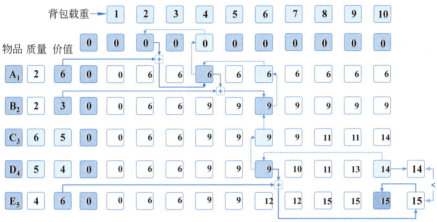

图 8-13 动态规划算法求解 pack[5][10] 的过程示意图

考虑将第 5 件物品放入背包能否带来更优的结果。因此,需要综合衡量 pack[$i-1$][w] 和 pack[$i-1$][$w-w_i$]+v_i 两种方案哪一个更优,即 pack[4][10] 和 pack[4][10−4]+6 的值哪个更大。pack[4][10] 的值已经求出,直接查表即可获得。第二维下标"10−4"的含义已经在前面叙述中说明,就是当前背包容量为 10,若放入第 5 件物品则剩余容量为 6。pack[4][6]=9 是当有 4 种物品且背包容量为 6 时的子问题解决方案,这个在迭代的过程中已经获得。pack[4][6]+6=9+6=15>pack[4][10]=14,所以将第 5 种物品放入背包,更新最大价值为 15,并保存相关记录。

(2) 确定 pack[4][6] 值的过程。第 4 件物品质量为 5,价值为 4,需要比较 pack[3][6] 和 pack[3][6−5]+4 的值,前者为 9,后者为 4。因此,需要保留原方案 pack[3][6] 的值作为当前方案的解。

(3) 确定 pack[3][6] 子问题解的过程。当前背包容量为 6,第 3 件物品质量为 6,价值为 5,问题相容,需要比较 pack[2][6] 和 pack[2][6−6]+5 的值,前者为 9,后者为 5。因此,需要保留原方案 pack[2][6] 的值作为当前方案的解。

(4) 确定 pack[2][6] 子问题解的过程。当前背包容量为 6,第 2 件物品质量为 2,价值为 3,问题相容,需要比较 pack[1][6] 和 pack[1][6−2]+3 的值,前者为 6,后者为 9。因此,将第 2 种物品放入背包,更新最大价值为 9 作为当前方案 pack[2][6] 的解,并保存相关记录。

(5) 确定 pack[1][4] 子问题解的过程。当前背包容量为 4,第 1 件物品质量为 2,价值为 6,问题相容,需要比较 pack[0][4] 和 pack[0][4−2]+6 的值,前者为 0,后者为 6。因此,将第 1 种物品放入背包,更新子问题 pack[1][4] 的解为 6,并保存相关记录。至此,从 pack[5][10] 逆向求解的分析过程结束。

实现代码如下。

程序清单 8-7 ex8_4bags01.c

```
1  #define _CRT_SECURE_NO_WARNINGS
2  #include<stdio.h>
3  #include<stdlib.h>
```

```c
4   #define MAX_ELEMENTS 101
5   #define MAX_CAPACITY 1001
6   int get_max(int x,int y)
7   {
8       return x > y ? x : y;
9   }
10  int main()
11  {
12      //ct[i][j]表示将第i件商品装入容量为j的背包中能够获得的最大价值
13      //ct 第0行值为0:没有物品放入背包时价值为0
14      //ct 第0列值为0:商品不能放入容量为0的背包中
15      int pack[MAX_ELEMENTS][MAX_CAPACITY];
16      int weights[MAX_ELEMENTS];          //质量列表
17      int values[MAX_ELEMENTS];           //价值列表
18      int taken[MAX_ELEMENTS];            //是否装入背包中
19      int i, j, count, capacity, k, m;
20
21      printf("请输入物品种类和背包容量\n");
22      scanf("%d%d",&count,&capacity);//5 10
23      printf("请输入物品的质量和价值\n");
24      //2 6   2 3   6 5   5 4   4 6
25      for(i =1; i <= count; i++)
26          scanf("%d %d",&weights[i],&values[i]);
27
28      for(i =0; i <= count; i++)
29          pack[i][0]=0;
30      for(j =0; j <= capacity; j++)
31          pack[0][j]=0;
32
33      for(i =1; i <= count; i++)
34      {
35          for(j =1; j <= capacity; j++)
36          {
37              if(j < weights[i])          //背包容量小于当前商品质量
38                  pack[i][j]= pack[i -1][j];
39              else
40                  pack[i][j]= get_max(pack[i -1][j], pack[i -1][j - weights[i]]+ values[i]);
41          }
42      }
43      printf("可装入背包中的最大物品价值为:");
44      //15    1 2 5
45      printf("%d\n", pack[count][capacity]);
46      k = capacity;
47      m = count;
48      while(m > 0)
49      {
```

```
50              if(pack[m][k]> pack[m -1][k])
51              {
52                  taken[m]=1;
53                  k -= weights[m];
54              }
55              else
56                  taken[m]=0;
57              m--;
58          }
59          printf("装入背包中物品的编号分别为: ");
60          for(i =1; i <= count; i++)
61              if(taken[i])
62                  printf("%d ",i);
63          printf("\n");
64          system("pause");
65          return 0;
66      }
```

代码清单 8-7 中,第 25～26 行用于读取物品的质量和价值信息;第 28～31 行的两个 for 循环分别计算 0-1 背包问题的边界条件,即当背包容量为 0 和没有物品可放时能够获得的最大价值为 0;第 33～42 行的嵌套 for 循环是使用动态规划算法求解 0-1 背包问题的关键,外层 for 循环(第 33 行)用于表示第 i 个物品,内层 for 循环(第 35 行)用于表示背包的容量,当背包容量小于第 i 个物品质量时条件不相容,不能将该物品放入背包,只能维持之前的结果(第 38 行),否则根据式(8.15)重新计算将第 i 个物品放入背包是否能够带来更优结果;第 48～58 行的 while 循环用于回溯装包过程,从结果出发根据 pack[m][k]> pack[m-1][k](第 50 行)向入口处回溯,并保存物品是否装入包中对应的标志信息(第 52 和 56 行);第 60～63 行的 for 循环根据物品装入标志输出提示信息。

运行结果如下。

```
请输入物品种类和背包容量
5 10
请输入物品的质量和价值
2 6
2 3
6 5
5 4
4 6
可装入背包中的最大物品价值为: 15
装入背包中物品的编号分别为: 1 2 5
```

8.5 石子合并

石子合并问题是经典的动态规划问题,主要包括操场玩法和路边玩法两种类型,还有混合类型。

1. 操场玩法

在圆形操场周围摆放了 N 堆石子,现要将所有石子合并成一个大堆,合并过程必须遵循如下规定：每次只能合并 2 堆石子，合并顺序任意，合并花费是两堆石子的数量之和。求 N 堆石子合并的最大/最小花费。石子合并的操场玩法处理比较简单，可以使用贪心算法，每次提取最大/最小的两堆进行处理，最终就可以获得最优值。操场玩法的本质就是数据结构中的哈夫曼算法的变形和应用。

2. 路边玩法

沿着路边有 N 堆石子顺序摆放，现要将所有石子合并成一个大堆。合并过程中，每次只能合并相邻 2 堆石子，合并花费是 2 堆石子的数量之和。求 N 堆石子合并的最大/最小花费。

8.5.1 石子合并问题过程分析

路边玩法是典型的动态规划问题，关于其动态规划性质不做证明，只是从其他角度来进行阐述和说明。第一个需要解决的问题是，既然石子总的数量相同，不同的合并顺序是否真的有不同结果。设有 $N=6$ 堆石子，各堆石子数量分别为 $\{8,6,4,5,9,7\}$，按照图 8-14(a)所示的合并方法，最小花费为 101，而按照图 8-14(b)所示的逐步合并方法最小花费则为 126，对于本问题，最差的合并花费为 132。

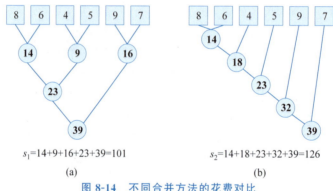

图 8-14 不同合并方法的花费对比

使用动态规划算法解决该问题时，子问题的结构该如何描述呢？令 mn_costs$[i][j]$ 表示合并从第 i 堆到第 j 堆石子的最小花费。将第 i 堆到第 j 堆石子分成 $\{s_i, s_{i+1}, \cdots, s_k\}$ 和 $\{s_{k+1}, \cdots, s_j\}$ 两个子问题，合并子问题 1 的花费为 c_1，合并子问题 2 的花费为 c_2，将两个子问题合并的花费为 $W_{i,j}$。根据反证法可知，必定存在某个最佳划分位置 $k(i \leqslant k < j)$，使得 $c_1+c_2+W_{i,j}$ 最小，即有如式(8.16)所示关系成立。

$$\text{mn\_cost}[i][j] = \begin{cases} 0 & i = j \\ \min_{i \leqslant k < j} \{\text{mn\_cost}[i][k] + \text{mn\_cost}[k+1][j]\} + W_{i,j} & i < j \end{cases}$$

(8.16)

式中，第 1 项非常容易理解，就是当要合并的石子只有 1 堆时，不会产生花费，因为不需要合并。式中第 2 项说明，对于连续 m 堆石子而言，一定可以将其分成两个连续的小堆，当分别合并两个小堆产生的花费最小时，合并这 m 堆石子的花费必定最小。寻找最佳划分位置 k 的过程是逐项求解的过程，也是算法中最耗时的部分。在逐项求解过程中，需要将获得的解保存下来供后续求解使用,这正是动态规划思想的体现。

8.5.2 石子合并问题代码分析

接下来,结合代码对石子合并问题的路边玩法进行深入分析。

1. 定义与问题相关的数据

一维数组 stones[MAX] 保存每堆石子的数目,下标从 1 开始。两个二维数组 mn_costs[][MAX] 和 mx_costs[][MAX] 分别保存求解石子合并过程中的最小花费和最大花费,其中 mn_costs[i][j] 表示合并从第 i 堆~第 j 堆石子所产生的最小花费,mx_costs[i][j] 表示最大花费。

另外,还需要定义一个额外的辅助数组 accum_stones[],其作用是石子累积数组,accum_stones[i] 表示第 1 堆~第 i 堆所有石子的数量。在数字图像处理当中,有累积直方图的概念,accum_stones[] 的作用与之相似,如图 8-15 所示。accum_stones[] 的另外一个优势是便于求解第 i 堆到第 j 堆石子的总数,accum_stones[j]−accum_stones[i−1] 为求解公式。

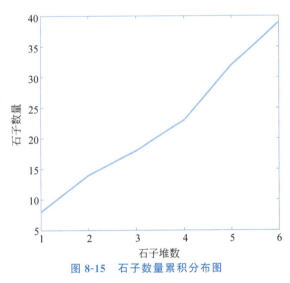

图 8-15 石子数量累积分布图

2. 合并过程

合并过程是一个逐步求解、不断递推的过程,合并结果是一个上三角矩阵。

(1) 填充主对角线。

合并从主对角线开始,然后沿正 45°方向每次填充一条斜线,向右上角不断递推,填充的总体过程如图 8-16 所示。最先填充的是主对角线,对应式(8.16)中 $i=j$ 的情况。就单独每一堆石子而言,根本不需要合并,合并花费自然为 0,所以主对角线元素值均为 0。

(2) 计算并填充第一条斜线。

第一条斜线对应两堆石子相邻且无间隔的情况。因为要求待合并的石堆必须相邻,所以两堆石子相邻就是最简单的情况。对于两堆石子相邻的情况,有 1↔2、2↔3、3↔4、4↔5 和 5↔6 共 5 种。

图 8-16 填充主对角线

在两两相邻的情况下,合并两堆石子的花费就是两堆石子的数量之和。合并 1↔2 时,两堆石子的数量分别为 8 和 6,计算后二者之和为 14。逐项累计各堆石子总和的过程略烦琐,石子数量累积数组 accum_stones[] 的用武之处就在于此。直接计算数组中首尾两项之差 accum_stones[j]−accum_stones[i−1] 就可获得第 i 堆~第 j 堆(含首尾)石子数量总和。此时,$i=1,j=2$,所以 accum_stones[2]−accum_stones[0]=14,斜线上第一个元素值为 14。同理,2↔3、3↔4、4↔5 和 5↔6 各项值分别为 10、9、14 和 16,如图 8-17 所示。

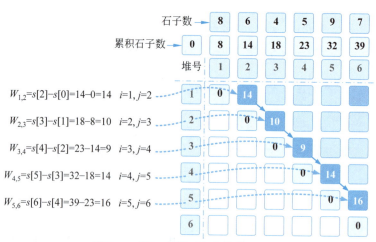

图 8-17 第一条斜对角线的填充过程

(3)递推求解第 2 条斜线数据。

第 2 条斜线对应相邻 3 堆石子、间隔为 1 的情况。相邻 3 堆石子的情况有 1↔2↔3、2↔3↔4、3↔4↔5 和 4↔5↔6 共 4 种情况,处理过程如下图 8-18 所示。

合并 1→3 时,3 堆石子的总数量为 $W_{1,3}$=as[3]−as[1−1]=as[3]−as[0]=18(用 as 代表 accum_stones[] 数组),对应的合并花费为 18。1↔2↔3 总体上有两种解决方案:$k=1$ 时,拆分成[1]和[2 3]两个子问题;$k=2$ 时,拆分成[1 2]和[3]两个子问题。

第一种拆分情况下子问题 1 只涉及 1 堆石子,无须合并,花费为 0;子问题 2 需要合并

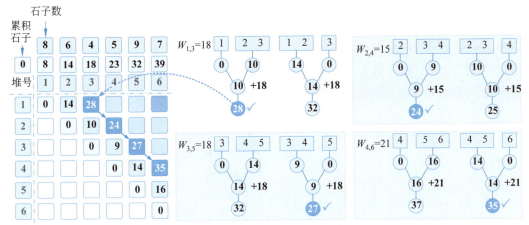

图 8-18 相邻 3 堆石子的合并过程

第 2 堆和第 3 堆，该子问题已经在第(2) 步求得，花费为 mn_cost[2][3]=10。因此，mn_cost[1][1]+mn_cost[2][3]+$W_{1,3}$=0+10+18=28。

第二种拆分情况下，子问题 1 的处理方式与第一种情况处理相同。子问题 1 需要合并第 1 堆和第 2 堆石子，该子问题已经求得，即 mn_cost[1][2]=14。子问题 2 只涉及第 3 堆石子，无须合并，花费为 0。因此，$k=2$ 时，第二种拆分对应的花费 mn_cost[1][2]+mn_cost[3][3]+$W_{1,3}$=14+0+18=32。合并 1→3 所需最小花费如式(8.17)所示。

$$\text{mn\_cost}[1][3]=\min\begin{cases}\text{mn\_cost}[1][1]+\text{mn\_cost}[2][3]+W_{1,3}=0+10+18=28\\\text{mn\_cost}[1][2]+\text{mn\_cost}[3][3]+W_{1,3}=14+0+18=32\end{cases}=28$$

(8.17)

合并 2→4 时，$W_{2,4}$=as[4]−as[1]=15，3 堆石子有两种拆分方案：$k=2$ 时，拆分成 [2] 和 [3 4] 两个子问题；$k=3$ 时，拆分成 [2 3] 和 [4] 两个子问题。求解结果如式(8.18)所示。

$$\text{mn\_cost}[2][4]=\min\begin{cases}\text{mn\_cost}[2][2]+\text{mn\_cost}[3][4]+W_{2,4}=0+9+15=24\\\text{mn\_cost}[2][3]+\text{mn\_cost}[4][4]+W_{2,4}=10+0+15=25\end{cases}=24$$

(8.18)

合并 3→5 时，$W_{3,5}$=as[5]−as[2]=18，3 堆石子有两种拆分方案：$k=3$ 时，拆分成 [3] 和 [4 5] 两个子问题；$k=4$ 时，拆分成 [3 4] 和 [5] 两个子问题。求解结果如式(8.19)所示。

$$\text{mn\_cost}[3][5]=\min\begin{cases}\text{mn\_cost}[3][3]+\text{mn\_cost}[4][5]+W_{3,5}=0+14+18=32\\\text{mn\_cost}[3][4]+\text{mn\_cost}[5][5]+W_{3,5}=9+0+18=27\end{cases}=27$$

(8.19)

合并 4→6 时，$W_{4,6}$=as[6]−as[3]=21，3 堆石子有两种拆分方案：$k=4$ 时，拆分成 [4] 和 [5 6] 两个子问题；$k=5$ 时，拆分成 [4 5] 和 [6] 两个子问题。求解结果如式(8.20)所示。

$$\text{mn\_cost}[4][6]=\min\begin{cases}\text{mn\_cost}[4][4]+\text{mn\_cost}[5][6]+W_{4,6}=0+16+21=37\\\text{mn\_cost}[4][5]+\text{mn\_cost}[6][6]+W_{4,6}=14+0+21=35\end{cases}=35$$

(8.20)

(4)求解连续 4 堆石子需要合并,填充第 3 条斜线数据。

第 3 条斜线对应相邻的 4 堆石子、间隔为 2 的情况。相邻 4 堆石子的情况有 3 种,分别为 1↔2↔3↔4、2↔3↔4↔5 和 3↔4↔5↔6,处理过程如图 8-19 所示。4 堆石子相邻时,有 1 对 3、2 对 2 和 3 对 1 三种拆分方案,单独 1 堆石子,连续 2 堆石子和连续 3 堆石子对应的子问题,都已经在前三步对应的处理过程中求得对应的解。

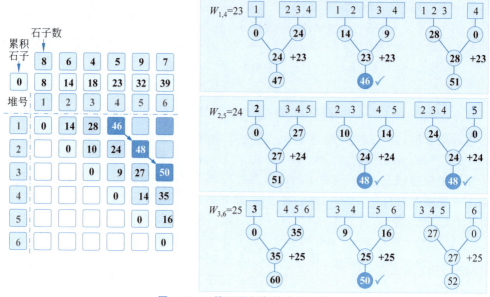

图 8-19　4 堆石子相邻的合并过程

合并 1→4 时,$W_{1,4}=as[4]-as[0]=23$,有三种解决方案:$k=1$ 时,拆分成[1]和[2 3 4]两个子问题;$k=2$ 时,拆分成[1 2]和[3 4]两个子问题;$k=3$ 时,拆分成[1 2 3]和[4]两个子问题。合并结果如式(8.21)所示。

$$\text{mn\_cost}[1][4] = \min \begin{cases} \text{mn\_cost}[1][1] + \text{mn\_cost}[2][4] + W_{1,4} = 0 + 24 + 23 = 47 \\ \text{mn\_cost}[1][2] + \text{mn\_cost}[3][4] + W_{1,4} = 14 + 9 + 23 = 46 = 46 \\ \text{mn\_cost}[1][3] + \text{mn\_cost}[4][4] + W_{1,4} = 28 + 0 + 23 = 51 \end{cases}$$

(8.21)

合并 2→5 时,$W_{2,5}=as[5]-as[1]=24$,有三种解决方案:$k=1$ 时,拆分成[2]和[3 4 5]两个子问题;$k=2$ 时,拆分成[2 3]和[4 5]两个子问题;$k=3$ 时,拆分成[2 3 4]和[5]两个子问题。求解过程中,$k=2$ 和 $k=3$ 时的拆分结果相同,两种合并方案结果均为 48,可任选一种。合并结果如式(8.22)所示。

$$\text{mn\_cost}[2][5] = \min \begin{cases} \text{mn\_cost}[2][2] + \text{mn\_cost}[3][5] + W_{2,5} = 0 + 27 + 24 = 51 \\ \text{mn\_cost}[2][3] + \text{mn\_cost}[4][5] + W_{2,5} = 10 + 14 + 24 = 48 = 48 \\ \text{mn\_cost}[2][4] + \text{mn\_cost}[5][5] + W_{2,5} = 24 + 0 + 24 = 48 \end{cases}$$

(8.22)

合并 $3\to6$ 时,$W_{3,6}=$as$[6]-$as$[2]=25$,有三种解决方案:$k=1$ 时,拆分成[3]和[4 5 6]两个子问题;$k=2$ 时,拆分成[3 4]和[5 6]两个子问题;$k=3$ 时,拆分成[3 4 5]和[6]两个子问题。合并结果如式(8.23)所示。

$$\text{mn\_cost}[3][6]=\min\begin{cases}\text{mn\_cost}[3][3]+\text{mn\_cost}[4][6]+W_{3,6}=0+35+25=60\\ \text{mn\_cost}[3][4]+\text{mn\_cost}[5][6]+W_{3,6}=9+16+25=50\\ \text{mn\_cost}[3][5]+\text{mn\_cost}[6][6]+W_{3,6}=27+0+25=52\end{cases}=50$$
(8.23)

(5)求解连续 5 堆石子需要合并,填充第 4 条斜线数据。

第 4 条斜线对应相邻 5 堆石子,间隔为 3 的情况,包括 $1\leftrightarrow2\leftrightarrow3\leftrightarrow4\leftrightarrow5$ 和 $2\leftrightarrow3\leftrightarrow4\leftrightarrow5\leftrightarrow6$ 两种情况,处理过程如图 8-20 所示。5 堆石子相邻时,有 4 种拆分方案:有 1 对 4、2 对 3、3 对 2 和 4 对 1。单独 1 堆石子、连续 2 堆石子、连续 3 堆石子和连续 4 堆石子对应的子问题,都已经在(1)~(4)步的处理过程中求解完毕。

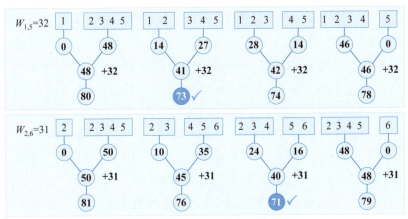

图 8-20　5 堆石子相邻的合并过程

合并 $1\to5$ 时,$W_{1,5}=$as$[5]-$as$[0]=32$,有四种解决方案:$k=1$ 时,拆分成[1]和[2 3 4 5]两个子问题;$k=2$ 时,拆分成[1 2]和[3 4 5]两个子问题;$k=3$ 时,拆分成[1 2 3]和[4 5]两个子问题;$k=4$ 时,拆分成[1 2 3 4]和[5]两个子问题。合并过程如式(8.24)所示。

$$\text{mn\_cost}[1][5]=\min\begin{cases}\text{mn\_cost}[1][1]+\text{mn\_cost}[2][5]+W_{1,5}=0+48+32=80\\ \text{mn\_cost}[1][2]+\text{mn\_cost}[3][5]+W_{1,5}=14+27+32=73\\ \text{mn\_cost}[1][3]+\text{mn\_cost}[4][5]+W_{1,5}=28+14+32=74\\ \text{mn\_cost}[1][4]+\text{mn\_cost}[5][5]+W_{1,5}=46+0+32=78\end{cases}=73$$
(8.24)

合并 $2\to6$ 时,$W_{2,6}=$as$[6]-$as$[1]=31$,有四种解决方案:$k=1$ 时,拆分成[2]和[3 4 5 6]两个子问题;$k=2$ 时,拆分成[2 3]和[4 5 6]两个子问题;$k=3$ 时,拆分成[2 3 4]和[5 6]两个子问题;$k=4$ 时,拆分成[2 3 4 5]和[6]两个子问题。合并过程如式(8.25)所示。

$$\text{mn\_cost}[2][6] = \min \begin{cases} \text{mn\_cost}[2][2] + \text{mn\_cost}[3][6] + W_{2,6} = 0 + 50 + 31 = 81 \\ \text{mn\_cost}[2][3] + \text{mn\_cost}[4][6] + W_{2,6} = 10 + 35 + 31 = 76 \\ \text{mn\_cost}[2][4] + \text{mn\_cost}[5][6] + W_{2,6} = 24 + 16 + 31 = 71 \\ \text{mn\_cost}[2][5] + \text{mn\_cost}[6][6] + W_{2,6} = 48 + 0 + 31 = 79 \end{cases} = 71$$

(8.25)

(6) 连续 6 堆石子需要合并,求解问题的最终解。

合并 1→6 时,$W_{1,6}$=as[6]-as[0]=39,有五种解决方案:k=1 时,拆分成[1]和[2 3 4 5 6]两个子问题;k=2 时,拆分成[1 2]和[3 4 5 6]两个子问题;k=3 时,拆分成[1 2 3]和[4 5 6]两个子问题;k=4 时,拆分成[1 2 3 4]和[5 6]两个子问题;k=5 时,拆分成[1 2 3 4 5]和[6]两个子问题。

因为拆分方案多,所以计算问题最终解时的计算过程也更复杂。不过,在(1)~(5)各步求解过程中,只有 1 堆,连续 2 堆,连续 3 堆,连续 4 堆和连续 5 堆的情况都已经解决,各个问题拆分的子问题的解也都已经保存,所以求最终解的过程基本就是查表取值的过程。合并过程如式(8.26)所示。

$$\text{mn\_cost}[1][6] = \min \begin{cases} \text{mn\_cost}[1][1] + \text{mn\_cost}[2][6] + W_{1,6} = 0 + 71 + 39 = 110 \\ \text{mn\_cost}[1][2] + \text{mn\_cost}[3][6] + W_{1,6} = 14 + 71 + 39 = 124 \\ \text{mn\_cost}[1][3] + \text{mn\_cost}[4][6] + W_{1,6} = 28 + 35 + 39 = 102 \\ \text{mn\_cost}[1][4] + \text{mn\_cost}[5][6] + W_{1,6} = 46 + 16 + 39 = 101 \\ \text{mn\_cost}[1][5] + \text{mn\_cost}[6][6] + W_{1,6} = 73 + 0 + 39 = 112 \end{cases} = 101$$

(8.26)

最终解的求解过程如图 8-21 所示。因此,N=6 堆石子的情况下,按照路边玩法合并的最小花费为 101。最大花费的求解方法与求解最小花费相同,求解的最终解为 132。

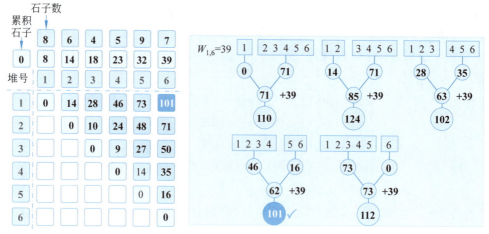

图 8-21　6 堆石子相邻的合并过程

实现代码如下。

程序清单 8-8　ex8_5mergeStones.c

```c
1   #define _CRT_SECURE_NO_WARNINGS
2   #include<stdio.h>
3   #include<stdlib.h>
4   #include <limits.h>
5   #define MAX 101//最大石头堆数
6   int get_min(int x,int y)
7   {
8       return x < y ? x : y;
9   }
10  int get_max(int x,int y)
11  {
12      return x > y ? x : y;
13  }
14  //合并相邻石子堆: num_stones 为石子堆数,acc_sum[]为各堆石子数目累积
15  //mx_costs[][]为最大代价迭代数组,mn_costs[][]为最小代价迭代数组
16  void merge_stones(int num_stones,int acc_sum[],int mx_costs[][MAX],int mn_costs[][MAX])
17  {
18      int cnt, i, j, k;
19      int interval_sum;
20      for(cnt =2; cnt <= num_stones; cnt++)         //合并的堆数
21      {
22          //起始点 i(假定 6 堆): 1-5,1-4,1-3,1-2,1-1
23          for(i =1; i <= num_stones - cnt +1; i++)
24          {
25              j = i + cnt -1;//终点 j: 2-6,3-6,4-6,5-6,6-6
26              mn_costs[i][j]=INT_MAX;                //初始化为最大值
27              mx_costs[i][j]=-INT_MAX;               //初始化为-1
28              //第 i 堆~第 j 堆的石子数之和
29              interval_sum = acc_sum[j]- acc_sum[i -1];
30              for(k = i; k < j; k++)
31              {//枚举中间分隔点
32                  mn_costs[i][j]= get_min(mn_costs[i][j], mn_costs[i][k]+ mn_costs[k +1][j]+ interval_sum);
33                  mx_costs[i][j]= get_max(mx_costs[i][j], mx_costs[i][k]+ mx_costs[k +1][j]+ interval_sum);
34              }
35          }
36      }
37  }
38  int main()
39  {
40      //最小代价矩阵、最大代价矩阵
41      int min_costs[MAX][MAX], max_costs[MAX][MAX];
```

```
42        int stones[MAX];              //每堆石子数
43        //累积石子数：a_s[j]-a_s[i]表示第 i 堆~第 j 堆石子数之和
44        int accum_stones[MAX];
45        int num_stones, i;
46        printf("请输入石子的堆数和每堆石子的个数\n");
47        scanf("%d",&num_stones);  //6
48        //8 6 4 5 9 7
49        for(i =1; i <= num_stones; i++)
50            scanf("%d",&stones[i]);
51
52        for(i =1; i <= num_stones; i++)
53            min_costs[i][i]=0, max_costs[i][i]=0;
54
55        accum_stones[0]=0;
56        for(i=1; i <= num_stones; i++)
57            accum_stones[i]= accum_stones[i -1]+ stones[i];
58
59        merge_stones(num_stones, accum_stones, max_costs, min_costs);
60        //101 132
61        printf("路边玩法(直线型)最小花费为：%d\n", min_costs[1][num_stones]);
62        printf("路边玩法(直线型)最大花费为：%d\n", max_costs[1][num_stones]);
63        system("pause");
64        return 0;
65    }
```

程序清单8-8中，引入"limits.h"头文件的作用是使用表示int型最大值的INT_MAX等宏常量。merge_stones()函数中石子合并问题主要是通过第20~36行的三个嵌套的for循环完成的，外层for循环(第20行)用于控制待合并石子的堆数，分别表示待合并石子为2堆，3堆，…，6堆的情况；中间层for循环(第23行)则根据待合并的石子堆数来确定待合并的区间，例如，当待合并石子堆数为2时，石子合并的区间分别为(1,2),(2,3),(3,4),(4,5)和(5,6)；内层for循环(第30行)根据式(8.16)计算并存储合并石子的代价，在合并之间需要将第 i 堆~第 j 堆石子的合并的最小/最大代价初始化为INT_MAX和-INT_MAX。

在main()函数中，第49~50行代码用于读入每堆石子的数目；第52~53行用于初始化保存最小合并代价和最大合并代价的二维数组，也是实现动态规划算法中记忆化存储的关键；第55~57行代码的功能是从头至尾计算石子数目的累加和；第59行代码调用merge_stones()函数根据动态规划算法计算石子合并的最小代价和最大代价。

运行结果如下。

```
请输入石子的堆数和每堆石子的个数
6
8 6 4 5 9 7
路边玩法(直线型)最小花费为：101
路边玩法(直线型)最大花费为：132
```

算法设计练习

1. 假设需要跨越 n 级台阶才能到达楼顶,每次可以爬 1 或 2 个台阶,计算到达楼顶的最大方法数。例如,输入为 2 时,输出结果为 2。

2. 若连续数字之间的差严格地在正数和负数之间交替,则数字序列称为摆动序列。第一个差(如果存在的话)可能是正数或负数。仅有一个元素或者含两个不等元素的序列也视作摆动序列。例如,[1,7,4,9,2,5]的差值(6,−3,5,−7,3)是正负交替出现的,该序列为摆动序列。相反,[1,4,7,2,5]中前两个差值均为正数,[1,7,4,5,5]最后一个差值为零,两者均不是摆动序列。

可以通过从原始序列中删除一些(也可以不删除)元素来获得摆动子序列,删除元素后仍需保持其原始顺序。计算给定 n 个元素的整数数组 nums[] 中最长的摆动子序列的长度。例如,输入 6 个元素 1 7 4 9 2 5 时,输出结果为 6。

3. 斐波那契序列 $T(n)$ 定义如下:

$$T(n) = \begin{cases} 0 & n=0 \\ 1 & n=1 \\ 1 & n=2 \\ T(n-1)+T(n-2)+T(n-3) & n>2 \end{cases}$$

给定一个正整数 n,根据公式计算第 n 个斐波那契值。例如,输入为 4 时,输出结果为 4。

4. 只包含质因子 2、3 和 5 的数称作丑数,其中 1 也算作丑数。给定正整数 n,计算第 n 个丑数。例如,输入为 10 时,前 10 个丑数分别为 1 2 3 4 5 6 8 9 10 12,因此输出结果为 12。

第 9 章

回 溯 算 法

回溯算法的基本思想是采用不断尝试和探索的方法力争获得问题的可行解,当采取的方案无法获得可行解时就退回上一步甚至从头再来。尝试的过程采用尽可能不断向前的方式行进(深度优先的思想),遇到当前路线无法得到有效解或者不能获得更优解时(分支限界的思想),将退回到上一步。若上一步也无法获得有效解,则会不断回溯,直到某一未尝试的分支时再次尝试寻找问题的解。当所有分支探索结束时,或者问题无解,或者获得问题的所有解。若采用分支限界法,则有些分支会被舍弃,即不必尝试所有分支而获得最优解。

回溯算法的基本思想是将问题的候选解按某种顺序逐一枚举和检验:

(1) 探索过程中,若当前候选解确定不是可行解时,则放弃当前探索,转到与当前候选解处于同一层级的下一候选解进行探索;

(2) 若当前一层的所有候选解都已经探索完毕,则退回上一级,使用同样的方式继续进行探索,这就是回溯的思想。

回溯算法常常使用栈和队列作为辅助,二者是数据结构课程中的知识,本章实例不使用这两种数据结构。

9.1 八皇后问题

国际象棋中,有王、后、车、象、马和兵等棋子。王是整个棋局中最为重要的棋子,王的生死决定了棋局的胜负。后,也称皇后,传说后代表的是王后(娘)家的军队,在国际象棋里面杀伤力最强。后横、直、斜走均可,而且不受格数限制,移动范围可达 27 格。

八皇后问题以国际象棋为背景,最早由国际象棋棋手 Max Bezzel(贝瑟尔)在 1848 年提出。问题是这样描述的:在 8×8 的国际象棋棋盘上,寻找合适的方法放置八个皇后,确保皇后之间不会相杀。为了确保皇后之间不会相杀,任两个皇后都不能处于同一条横行、纵列或斜线上。八皇后问题可以推广到 $N \times N$ 的棋盘上放置 N 个皇后的问题。

9.1.1 八皇后问题过程分析

理解皇后问题时,比较常见的做法是使用二维数组来存储皇后的放置信息。实际上,能够放置皇后的位置较少,数据稀疏,使用二维数组浪费存储空间,完全可以使用一维数组来完成此功能。皇后问题的存储整体使用一个一维数组 $X[N](N \geqslant 4)$,其中 $X[i]$

($1 \leqslant i \leqslant N$)表示第 i 行上放置皇后的位置,如 $X[2]=3$ 就表示第 2 行中皇后放置在第 3 列。

以 $N=4$ 为例,在 4×4 的棋盘上分析回溯算法放置四皇后的过程如下。

(1) 初始状态时,将数组元素全部置 0 表示棋盘上未放置任何皇后。分析过程假定数组下标从 1 开始,便于与序号对应,数组下标起始值不影响对算法的理解和对问题的处理。

(2) 从第 1 行第 1 列(即 $X[1]=1$,用 1-1 形式表示)开始放置第 1 个皇后,在不冲突的情况下不断深入尝试。在 1-1 放置皇后之后,2-1 属于同一列无法放置,2-2 位于同一斜线也无法放置,只能在 2-3($X[2]=3$)放置。接下来,继续在第 3 行放置第 3 个皇后,结果第 1 列至第 4 列均冲突,需要回溯至 2-3,如图 9-1 所示。

(3) 第 3 行放置皇后失败,说明在 2-3 放置皇后虽然不冲突,但会导致后续结果不合理,要取消放置。在 2-4 放置第 2 个皇后,并在此基础上进一步向后探索。3-1 位置冲突,3-2 不冲突,可以放置。继续在第 4 行放置第 4 个皇后,第 1~4 列全部冲突,放置失败。需要回溯,回溯至第 3 行时,向后的探索均以失败告终,需要继续向前回溯。回溯到第 2 行时,已经是最后一列,需要继续回溯至第 1 行,如图 9-2 所示。

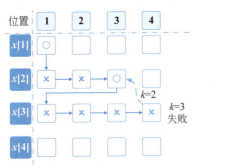

图 9-1　1-2 放置皇后后在 $k=3$ 时回溯

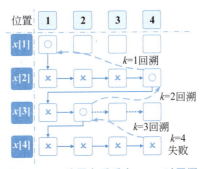

图 9-2　1-1 放置皇后后在 $k=4$ 时回溯

(4) 一直回溯到 1-1,说明该位置放置皇后无法获得可行解。因此,1-1 不应该放置皇后,应该从 1-2 开始放置并继续尝试。接下来,尝试在第 2 行放置皇后。2-1、2-3 与 1-2 处于同一斜线位置有冲突,2-2 与 1-2 处于同一列也冲突,只能放置在 2-4 处。继续在第 3 行放置皇后,3-1 位置不冲突可以放置。接下来,继续探索第 4 行,4-1 和 4-2 均冲突,4-3 可以放置。至此,4 个皇后放置完毕,取得第一个解,如图 9-3 所示。

需要继续向后探索,4-4 冲突,需要回溯至 3-1。继续探索时,3-2、3-3 和 3-4 均出现冲突,需要继续向前回溯至 2-4。第 2 行已经全部探索完毕,需要继续向前回溯到 1-2,如图 9-4 所示。

(5) 从 1-3 开始继续探索。第 2 行放置皇后时,2-1 不冲突,可以放置。第 3 行放置皇后时,3-1、3-2 和 3-3 均冲突,不可放置,3-4 不冲突,可以放置。放置第 4 个皇后时,4-1 冲突,4-2 位置合理,得到第 2 个解,如图 9-5 所示。

在 4-2 位置继续向后探索,4-3 和 4-4 都与已放置皇后冲突,需要回溯至 3-4。第 3 行已经到达末尾,需要继续向前回溯至 2-1。在第 2 行继续探索放置皇后时,2-2、2-3 和 2-4 全部冲突,需要继续回溯至 1-3,回溯过程如图 9-6 所示。

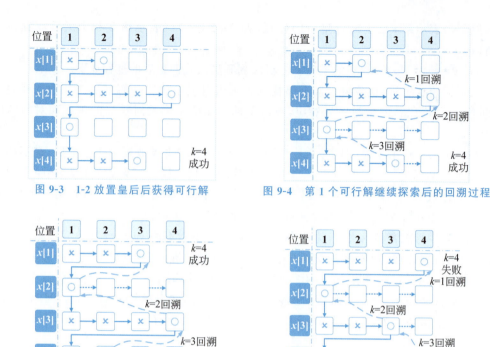

图 9-3　1-2 放置皇后后获得可行解

图 9-4　第 1 个可行解继续探索后的回溯过程

图 9-5　1-3 放置皇后后获得第 2 个可行解

图 9-6　第 2 个可行解继续探索后的回溯过程

（6）在 1-4 的位置上放置第 1 个皇后，然后继续向后不断探索。第 2 行中，2-1 位置合理，放置第 2 个皇后，继续向后在第 3 行探索。第 3 行中，3-1 和 3-2 都冲突，3-3 不冲突，可以放置第 3 个皇后。在第 4 行探索时，4-1 至 4-4 均出现冲突，需要回溯到 3-3。向 3-4 尝试时，出现冲突，需要向前回溯到 2-1。探索 2-2、2-3、2-4 时均以失败告终，回溯至 1-4。第 1 行所有位置都已经尝试过，至此四皇后问题探索结束，共获得两个可行解。

9.1.2　八皇后问题代码分析

can_place()函数判定在第 k 行第 x[k] 列放置皇后是否与已经放置的皇后存在冲突，nqueens()函数则是解决 N 皇后问题的主体。can_place()函数有两个参数，x[] 是表示棋盘的一维数组（使用的原因及方法在分析过程中已经阐明）；k 表示第 k 行，同时也隐含了在第 x[k] 位置放置皇后。nqueens()函数有两个参数，数组 x[] 的作用与 can_place() 函数相同，参数 queens 代表需要放置的皇后数目。

对于行而言，在主函数中放置皇后时是按行不断向前探索的，因此行间不会发生冲突。can_place()函数需要判定放置皇后的冲突情况，当 x[i] = x[k] 时，两皇后处于同一列，会发生冲突。当处于同一斜线位置时，行间差的绝对值与列间差的绝对值相同，即 abs(x[i]−x[k]) 与 abs(i−k) 相等。

nqueens()函数从第一行开始，寻找合适位置放置第 k 个皇后。最初时，将第 1 个皇后放在第 x[1] 列（这个值最开始为 1，表示第 1 列），之后从下一行首列开始探索可以放置皇后的位置，这样一直向前探索，直至发生冲突或者寻找到可行解。当冲突发生时，取消当前行皇后的位置，回溯到上一行放置皇后的位置处，将该位置标记为不可用，在该行的下一列继续探索。

实现代码如下。

程序清单 9-1　ex9_1nQueens.c

```
1   #define _CRT_SECURE_NO_WARNINGS
2   #include<stdio.h>
3   #include<stdlib.h>
4   #include <math.h>
5   #define MAX 21
6   int can_place(int x[],int k)
7   {
8       int i;
9       for(i =1; i < k; i++)            //放置位置从1开始
10      {
11          //两者同列：x[i] == x[k](隐含已经不同行,所以不必判断同行)
12          //同一斜线行差与列差绝对值相同：abs(x[i]-x[k])==abs(i-k)
13          if((x[i]==x[k])||(abs(x[i]-x[k]) == abs(i-k)))
14              return 0;
15      }
16      return 1;
17  }
18  //将结果的简单信息输出到屏幕
19  void disp_results(int x[],int queens)
20  {
21      int row, col, i, j;
22      for(i =1; i <= queens; i++)
23          printf("%d ", x[i]);
24      printf("\n");
25
26      printf("-------\n");
27      for(i =1; i <= queens; i++)
28      {
29          for(j =1; j <= queens; j++)
30          {
31              row = i;
32              col = x[i];
33              if(j == col)
34                  printf("X ");
35              else
36                  printf("O ");
37          }
38          printf("\n");
39      }
40      printf("\n");
41  }
42
```

```c
43  int nqueens(int x[],int queens)
44  {
45      int solutions = 0;              //解个数
46      int k = 1;                      //从第1行开始
47      while(k > 0)
48      {
49          //从下一列开始搜索：初始时 x[1]为 0,x[1]=x[1]+1=1 表示从第1行第1列开始
50          x[k]= x[k]+1;
51          //当前列不满足放置约束条件,继续搜索下一列位置
52          while(x[k]<= queens &&!can_place(x, k))
53              x[k]= x[k]+1;           //假设 k=1,到第 4 列时可放置,此时 x[1]=4
54          if(x[k]<= queens)           //存在满足条件的列
55          {
56              if(k == queens)         //所有皇后均合理放置：得到一个最终解
57              {
58                  solutions++;
59                  disp_results(x, queens);        //输出
60              }
61              else//未得到最终解仍需处理下一个皇后,即第 k+1 个皇后
62              {
63                  k++;
64                  x[k]=0;
65              }
66          }
67          else//若不存在满足条件的列,则回溯
68          {
69              x[k]=0;                 //第 k 个皇后复位为 0
70              k--;                    //回溯到前一个皇后
71          }
72      }
73      return solutions;
74  }
75  int main()
76  {
77      int x[MAX], queens = 4, i, count;
78      printf("请输入皇后的数目(N < %d): ",MAX);
79      scanf("%d", &queens);
80      for(i = 0; i < MAX; i++)
81          x[i]=0;
82
83      count = nqueens(x, queens);
84      printf("%d 皇后问题共有以上 %d 种解法!\n", queens, count);
85      system("pause");
86      return 0;
87  }
```

程序清单 9-1 中，disp_results()函数（第 19 行～41 行）用于输出可行解，在函数中 27～39 行的二重循环用于在棋盘上输出皇后的放置情况，第 32 行代码将第 i 个皇后放置在第 i 行的第 x[i]列中，并在该列输出符号"X"表示放置皇后（第 33～34 行）。

程序清单 9-1 中 47～72 行的 while 循环的功能是尝试在棋盘上放置皇后的主要代码。第 52～53 行的 while 循环的功能是在当前列不满足放置约束条件时，继续尝试在同一行搜索下一列位置是否可以放置皇后（第 53 行代码）。在当前位置可以放置皇后时（第 54～66 行对应的 if 语句块），若所有皇后全部放置完成则找到一种新的放置方法，输出该可行解；否则，需要继续放置第 k+1 个皇后。若当前位置不可放置皇后时（第 67～71 行对应的 else 语句块），则将第 k 个皇后复位并进行回溯。

运行结果如下。

```
请输入皇后的数目(N<21): 4
2 4 1 3
-------
0 X 0 0
0 0 0 X
X 0 0 0
0 0 X 0

3 1 4 2
-------
0 0 X 0
X 0 0 0
0 0 0 X
0 X 0 0

4皇后问题共有以上 2 种解法!
```

9.2 子集和问题

给定一个含有 n 个整数的集合 $S=\{s_1,s_2,\cdots,s_n\}$ 和整数 W，寻找 S 的子集 X（可能不止 1 个），使得 $\sum x_i = W$。例如，当集合 $S=\{11,13,24,7\}$，$W=31$ 时，有可行解对应的子集 $X_1=\{11,13,7\}$ 和 $X_2=\{24,7\}$。

在求解过程中，不必将所有可能一一遍历，只探索那些可能产生正确结果的路线。求解过程中，对那些明显不会产生正确结果的分支根据限定条件通过"限界剪枝法"进行"剪枝"，以提高执行效率。

在求解过程中需要使用几个特殊的辅助量，int 型数组 x[MAX_RECORDS]，用于标志元素的选择状态，在探索和回溯过程中会不断修改，遇到可行解时输出；curr_weights 表示当前被选中元素的总和，其变化与标志量的变化保持一致；rest_weights 表示剩余元素的总和，不论是否会被选中，该值被用来限定某些无效探索，通过"剪枝"提高执行效率；max_weight 代表需要求得的元素总和，用于对探索过程进行"剪枝"。

"剪枝"分为两种情况：

（1）准备选择某个元素时，需要保证不会超出规定的上限，即已经选中元素的总和加上当前元素的值不能超过总限定（curr_weights + weights[curr_element] <= max_weight，称其为条件 1），不满足条件 1 时不需要进行该分支的探索，称为"左剪枝"。

(2)在不选择当前元素的情况下,根据后续过程是否有探索的价值进行"剪枝"。已选中元素之和+(剩余元素之和－当前元素值)应该不小于限定值,后续探索才有价值(即 curr_weights + rest_weights － weights[curr_element] >= max_weight,称为条件2),不满足条件2时就不需要对该分支继续进行处理,称之为"右剪枝"。

9.2.1　子集和问题过程分析

本节例题的求解过程如图9-7所示,为了节省篇幅,图中省略了部分不影响大局的琐碎细节。

图9-7　子集和问题的探索和求解过程

(1)初始时,max_weight 值为31,$x[\,]$的所有元素为0,curr_weights 值为0(无任何元素被选中),rest_weights 值为55(所有元素均为剩余)。

(2)选中第1个元素后,curr_weights=10,rest_weights=44。继续探索,选择第2个元素,curr_weights=24,rest_weights=31;若选中第3个元素,则curr_weights将达到48超出总限定31,不满足条件1,直接进行"左剪枝",不选择该结点。转到第2行,不选中第3个结点,继续探索。选择结点4,达到出口,所有被选中元素之和为31,与预期条件相符,获得一个可行解。继续处理时,不选择第4个元素,继续探索则违反了条件2,直接"右剪枝",该过程过于简单未在图中体现。此时,第3和第4个元素都已经遍历完成,需要回溯到第2个元素处,即转到图9-7中第3行所示位置。

(3)回溯到第3行时,不选择第2个元素。若选择第3个元素,则违反条件1,放弃选择,转到第4行进行处理。转到第4行后,不选择第3个元素,继续探索违反条件2。至此,在选择第1个元素条件下,所有的探索都已经处理完成,需要回溯到第1个元素处,返回第5行。

(4)第5行中,在不选择第1个元素的基础上继续探索。选择第2个元素,仍可继续探索。选择第3个元素时,违反条件1,直接"左剪枝"。不选择第3个元素时,违反了条件2,进行"右剪枝"。此时,需要回溯到第6行第2个元素处。

(5)回溯到第6行,不选择第2个元素。继续向前探索,选择第3个元素,再继续选择第4个元素,达到出口,满足求解条件,获得第2个可行解。

(6)回溯到第7行,不选择第3个元素,违反条件2,进行"右剪枝"。至此,所有元素均探索完毕,求解过程结束,共获得两个可行解。

上述求解过程虽然描述起来有些复杂,但对于代码的理解大有裨益。若仅是理解所需要获得的可行解,将求解过程以二叉树的形式表示则更清晰。二叉树中,左侧分支代表选择该结点,右侧分支则代表不选择该结点。从图9-8中可以看出,选择11、13和7得到第一个可行解,选择24和7是第2个可行解,其他路径均被"剪枝"。

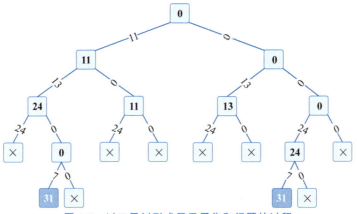

图 9-8　以二叉树形式显示子集和问题的过程

9.2.2　子集和问题代码分析

get_subsets()函数是求解子集和问题的关键函数，基于递归算法实现，包括 7 个参数：curr_element 是当前元素的索引下标，从 1 开始；total 表示总元素个数；max_weight 为指定子集的和值；curr_weights 为已选中元素的总和；rest_weights 为所有剩余元素总和；数组 weights[]中保存了各个元素的值；int 型数组 x[]为元素是否选中的标志集，输出可行解就是根据该标志集进行处理的。

实现代码如下。

```
程序清单 9-2   ex9_2subSetsSums.c
1    #define _CRT_SECURE_NO_WARNINGS
2    #include<stdio.h>
3    #include<stdlib.h>
4    #define MAX 21
5    //输出可行解:参数 1 为元素个数,参数 2 为元素值集合,参数 3 为解集标记
6    void disp_results(int elements,int weights[],int x[])
7    {
8        int j;
9        printf("------------------\n");
10       for(j =1; j <= elements; j++)
11       {
12           if(x[j])                    //某个元素在可行解中时对应标志为真
13               printf("%d ",weights[j]);
14       }
15       printf("\n");
16   }
17   void get_subsets(int curr_element, int total, int max_weight, int curr_weights,int rest_weights,int weights[],int x[])
18   {
19       if(curr_element > total)        //所有元素都已经处理过
```

```c
20    {
21        if(curr_weights == max_weight)        //寻找到可行解并输出
22        {
23            disp_results(total, weights, x);
24        }
25    }
26    else
27    {
28        //左子树限界函数：若当前元素选中后超出限定和则剪枝
29        if(curr_weights + weights[curr_element]<= max_weight)
30        {
31            x[curr_element]=1;
32            get_subsets(curr_element +1, total, max_weight, curr_weights
                + weights[curr_element], rest_weights - weights[curr_
                element], weights, x);
33        }
34        //右子树剪枝：不选当前元素,已选中元素和+剩余元素和不小于限定和
35        if(curr_weights + rest_weights - weights[curr_element]>= max_weight)
36        {
37            x[curr_element]=0;
38            get_subsets(curr_element +1, total, max_weight, curr_weights,
                rest_weights - weights[curr_element], weights, x);
39        }
40    }
41 }
42 int main()
43 {
44     int x[MAX];
45     int weights[MAX];                        //元素值下标从1开始
46     int i, elements, max_weight;             //实际元素数与限定和
47     int curr_weights=0, rest_weights=0;      //选中元素和剩余元素总和
48
49     printf("请输入集合中元素的个数及待求解的元素之和：");
50     scanf("%d%d",&elements,&max_weight);//4 31
51     for(i =0; i < MAX; i++)
52     {
53         x[i]=0;              //初始化标志和元素值
54         weights[i]=-1;
55     }
56     //11 13 24 7 --> 11 13 7   24 7
57     for(i =1; i <= elements; i++)
58         scanf("%d",&weights[i]);
59
60     for(i =1; i <= elements; i++)
61         rest_weights += weights[i];
62
```

```
63        printf("所有可行解如下: \n");
64         get_subsets(1, elements, max_weight, curr_weights, rest_weights,
          weights, x);
65        system("pause");
66        return 0;
67    }
```

程序清单 9-2 中,第 19~25 行的 if 语句块为递归出口,对应所有元素都已经处理完毕,若当前解为可行解则调用 disp_results() 函数输出可行解。第 29~33 行代码对应在选中当前元素的情况下进一步探索,即在选中当前元素且未超过上限的条件下继续探索,否则不满足限界条件直接进行剪枝。第 34~39 行代码对应不选中当前元素的情况下进一步探索,即在不选中当前元素条件下,当已选中元素与剩余元素的总和不小于上界时才继续进行探索,否则直接进行剪枝。

运行结果如下。

```
请输入集合中元素的个数及待求解的元素之和: 4 31
11 13 24 7
所有可行解如下:
------------------
11 13 7
------------------
24 7
```

9.3 0-1 背包问题(二)

有 N 件商品和一辆购物车,其中购物车的最大容量为 W,第 i 件商品的体积和价值分别为 c_i 和 w_i。每种商品只能选择 0 件或 1 件,确定商品选择方案使得购物车中装入商品的总价值最大。

由于 0-1 背包问题的典型性和特殊性,可以使用许多算法来进行求解,例如贪心算法、动态规划算法和本章的回溯算法都可以。在动态规划算法一章中,已经求解过 0-1 背包问题,为了展示回溯算法求得所有解的过程,本节使用一个规模略小但更利于说明回溯算法的例子。

使用贪心算法求解可分割背包问题时,需要先对物品按照价值比进行排序再进行求解。按照动态规划算法求解 0-1 背包问题时,需要不断递推和保存子问题的解。使用回溯算法求解 0-1 背包问题时,与前两种算法的处理过程不同,在当前选择相容的情况下尽可能向出口不断深入探索,直至到达出口或者确定当前探索方案无效时逆向回溯。

9.3.1 0-1 背包问题过程分析

假设有 A、B、C、D 四件独一无二的商品,编号分别为 $\{1,2,3,4\}$,体积和价值分别为 $\{5,3,2,1\}$ 和 $\{4,4,3,1\}$,现有容量为 6 的购物车,使用怎样的装载方案才能装入价值最多的商品。下面来分析回溯算法求解 0-1 背包问题的处理过程。

1. 定义辅助变量

定义辅助数组 weights[MAX] 和 values[MAX] 存储商品的质量和价值,其中 weights[i] 表示第 i 件商品的质量,values[i] 表示第 i 件商品的价值。定义 int 型数组 x[MAX] 标志商品是否存入购物车,x[i] 为 1 表示第 i 个物品放入购物车。int 型数组 bestx[MAX] 存储当前最优解,total_count 表示已选择商品的数量,current_weights 表示当前装入购物车中商品的质量,current_values 表示当前装入购物车中商品的价值,bestp 表示当前求得的最优价值。

2. 初始化

购物车中无选中的商品,当前质量、价值和当前最优值均为 0,即 current_weights＝0、current_values＝0 和 bestp＝0。

3. 求解过程

求解过程就是不断向前探索寻找可行解,或者失败后逆向回溯继续探索过程,整个求解过程如图 9-9 所示。

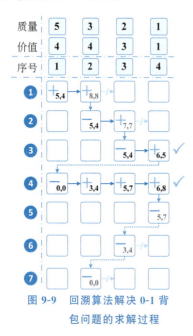

图 9-9 回溯算法解决 0-1 背包问题的求解过程

(1) 将第 1 件物品放入购物车,满足相容条件,可以继续探索。选择第 2 件物品加入购物车,商品质量超出容量上限,违反条件 1,需要进行"左剪枝",放弃选择第 2 件商品。此处,条件 1 和条件 2 与"子集和问题"一节中的描述是一致的,不再赘述。

(2) 转到第 2 行,不选择第 2 件商品的情况下,继续向前探索。若选择第 3 件商品,同样违反条件 1,需要进行"左剪枝",放弃选择第 3 件物品。

(3) 转到第 3 行,在选择 1、不选择 2 和 3 的情况下,考虑第 4 件商品,条件相容。将第 4 件商品放入购物车后,质量恰好为 6,价值为 5,获得一个可行解,将之保存到相应变量当中。

(4) 若不选择第 4 件商品,则不符合条件 2,进行"右剪枝"放弃该选择(由于篇幅原因,未在图中列出)。

(5) 转到第 5 行时,在选择第 1 件商品的情况下,所有的分支均已探索完毕,需要回溯到第 1 件商品位置。在不选择第 1 件商品的前提下,继续向后探索。将第 2 件、第 3 件和第 4 件商品加入购物车,条件相容,达到出口,获得第 2 个可行解。第 2 个可行解的质量为 6,最大价值为 8,比第 1 个可行解更优,将之保存到最优解当中。

(6) 转到第 5 行,不选择第 4 件商品,违反规则 2,需要进行"右剪枝"。

(7) 向前回溯到第 6 行第 3 件商品处,不选择第 3 件商品,继续探索则违反条件 2,放弃探索。继续向前回溯到第 7 行,不选择第 2 件商品,不满足条件 2。

至此,所有条件都已经在探索和回溯过程中处理完毕,获得最佳方案为选择第 2 件～第 4 件商品,最大商品价值为 8。回溯过程所对应的选择树如图 9-10 所示。

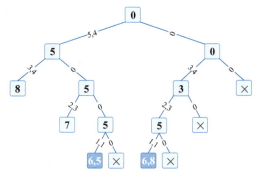

图 9-10　回溯算法解决 0-1 背包问题对应的选择树

9.3.2　0-1 背包问题代码分析

get_ubound()函数用于确定商品的价值上限，价值上限为已装入物品的价值＋剩余物品(不论是否被选择)的价值总和。

back_track()函数利用回溯算法完成 0-1 背包问题的求解，求解过程中使用与子集和问题相似的剪枝方法。函数包括 10 个参数分别用于表示当前结点、当前质量、当前价值、商品总数、购物车容量上限、最优价值、商品是否选中、商品质量列表、商品价值列表和最优选择列表。函数基于递归方法实现，最佳方案对应的价值信息利用指针变量 pbestp 进行传递。

实现代码如下。

程序清单 9-3　ex9_3bags01.c

```
1   #define _CRT_SECURE_NO_WARNINGS
2   #include<stdio.h>
3   #include<stdlib.h>
4   #define MAX 101
5   //价值上限：已装入物品价值+剩余物品的总价值
6   double get_ubound(int current_idx,double current_price,int total,double values[])
7   {
8       double rest_price =0;
9       while(current_idx <= total)//累积剩余物品价值
10      {
11          rest_price += values[current_idx];
12          current_idx++;
13      }
14      return current_price + rest_price;
15  }
16  void back_track(int cnode,double cweights,double cvalues,int total_count,double max_weight,double * pbestp,int x[],double weights[],double values[],int bestx[])
17  {
18      int j;
```

```c
19      //到达终点,获得一组解:限界条件保证了新获得的解必定优于之前获得的解
20      if(cnode > total_count)
21      {
22          for(j =1; j <= total_count; j++)
23          {
24              bestx[j]= x[j];
25          }
26          * pbestp = cvalues;                    //保存当前最优解
27          return;
28      }
29      if(cweights + weights[cnode]<= max_weight)     //满足约束,搜索左子树
30      {
31          x[cnode]=1;
32          cweights += weights[cnode];
33          cvalues += values[cnode];
34          back_track(cnode +1,cweights,cvalues,total_count,max_weight,
                       pbestp,x,weights,values,bestx);
35          //准备回溯
36          cweights -= weights[cnode];
37          cvalues -= values[cnode];
38      }
39      if(get_ubound(cnode +1, cvalues, total_count,values) > * pbestp)
                                                //满足限界条件才搜索右子树
40      {
41          x[cnode]= 0;                           //回溯
42          back_track(cnode +1, cweights, cvalues, total_count, max_weight,
                       pbestp, x, weights, values, bestx);
43      }
44  }
45  int main()
46  {
47      //w[i]表示第i个物品的质量,v[i]表示第i个物品的价值
48      double weights[MAX], values[MAX];
49      int x[MAX];                                //x[i]表示第i个物品是否放入购物车
50      int bestx[MAX];                            //当前最优解
51      int i, total_count;                        //n表示n个物品,W表示购物车的容量
52      double current_weights, max_weight;        //当前质量
53      double current_values;                     //当前价值
54      double bestp;                              //当前最优价值
55      double sumw = 0.0, sumv = 0.0;             //用来统计所有物品的总价值
56      int current_node;
57
58      printf("请输入物品的个数 n:");
59      scanf("%d",&total_count);        //4
60      printf("请输入购物车的容量 W:");
61      scanf("%lf",&max_weight);        //6
62      printf("请依次输入每个物品的质量w和价值v,用空格分开:");
63      //5 4   3 4    2 3    1 1  -->8  2 3 4
64      for(i =1; i <= total_count; i++)
```

```
65              scanf("%lf%lf",&weights[i],&values[i]);
66
67         for(i =1; i <= total_count; i++)
68         {
69              sumv += values[i];
70              sumw += weights[i];
71         }
72         if(sumw <= max_weight)
73         {
74              printf("所有的物品均可放入购物车,物品最大价值为：%.2lf\n", sumw);
75              return 0;
76         }
77
78         current_weights = 0;            //初始化当前放入购物车的物品质量为0
79         current_values = 0;             //初始化当前放入购物车的物品价值为0
80         bestp = 0;                      //初始化当前最优值为0
81         current_node =1;
82          back_track(current_node, current_weights, current_values, total_count, max_weight,&bestp, x, weights, values, bestx);
83
84         printf("放入购物车的物品最大价值为：%.2lf\n",bestp);
85         printf("放入购物车的物品序号为: ");
86         for(i =1; i <= total_count; i++)     //输出最优解
87         {
88         if(bestx[i])
89              printf("%d ",i);
90 }
91         printf("\n");
92         system("pause");
93         return 0;
94    }
```

运行结果如下。

```
请输入物品的个数 n:4
请输入购物车的容量W:6
请依次输入每个物品的质量w和价值v,用空格分开：
5 4
3 4
2 3
1 1
放入购物车的物品最大价值为：8
放入购物车的物品序号为：2 3 4
```

```
请输入物品的个数 n:5
请输入购物车的容量W:17
请依次输入每个物品的质量w和价值v,用空格分开：
3 4
4 5
7 10
8 11
9 13
放入购物车的物品最大价值为：24
放入购物车的物品序号为：4 5
```

9.4 装载问题

一批货物需要运输到某地，需要将质量为 $W=\{w_1,w_2,\cdots,w_n\}$ 的 n 个集装箱 $S=\{s_1,s_2,\cdots,s_n\}$ 装载到载重分别为 c_1 和 c_2 的两艘轮船上，第 i 个集装箱的质量为 w_i，设计合理的装载方案尽可能让所有集装箱装上船。

9.4.1 装载问题过程分析

有 $n=3$ 个集装箱 $S=\{s_1,s_2,s_3\}$，质量分别为 $W_1=\{10,40,40\}$，需要装载到载重为 $c_1=c_2=50$ 的两艘船上运输，如何设计装载方案更合理？当 $W_2=\{20,40,40\}$ 时，装载方案又如何？当三个集装箱的质量为 $W_1=\{10,40,40\}$ 时，可将 s_1 和 s_2 装载到第 1 艘船，将 s_3 装载到第 2 艘船。当三个集装箱的质量为 $W_2=\{20,40,40\}$ 时，无法找到合适的装载方案。装载问题也可以描述如下：

求 $S=\{s_1,s_2,\cdots,s_n\}$ 的一个子集 $X=\{x_1,x_2,\cdots,x_m\}$，满足 $\left(\max \sum_{i=1}^{m} w_i\right) \leqslant c_1$，其中 w_i 为 x_i 对应的质量。

装载问题与 0-1 背包问题相似，在尽可能装满第一艘轮船的前提下，将剩余的集装箱装上第二艘轮船。因此，装载问题的处理思路与 0-1 背包问题基本一致。在求解过程中，会对不满足条件的分支进行"剪枝"操作来提高效率。

9.4.2 装载问题代码分析

disp_solutions()函数用于输出可行的装载方案，参数 boxes 表示集装箱个数，int 型数组 x[]为选中标志数组，x[i]为 1 表示该集装箱需要装载到第一艘船上。

ship_loading()函数是使用回溯算法求解第一艘轮船装载方案的主体函数，包括 9 个参数：参数 current 表示当前递归过程处理到第几个集装箱，参数 boxes 为集装箱的数目，参数 curr_weights 为被选中装载到第一艘船的集装箱的质量之和，rest_weights 表示剩余未选中的集装箱质量之和，capacity 为第一艘船的载重，指针变量 max_weights 为保存最优解的输入参数，数组 weights[]保存各集装箱的质量，int 型数组 op[]为临时标志数组，int 数组 x[]为第一艘船上集装箱的最优选择方案对应的标志数组。在判断是否选择某个集装箱装载到第一艘船时，需要对两个条件进行判定：

（1）选中当前集装箱时，应该确保已选集装箱质量与当前集装箱质量之和应不超过第一艘船的载重，即应满足条件 curr_weights ＋ weights[current] <= capacity，否则超载，需要进行"左剪枝"；

（2）不选择当前集装箱时，已选择集装箱的质量＋剩余所有集装箱的总质量应该大于第一艘船的载重，否则出现第二艘船无货可载的情况，需要进行"右剪枝"。具体的动态分析过程，可以参考 9.3 节，这里不作赘述。

实现代码如下：

程序清单 9-4　ex9_4loadingTwoShips.c

```c
#define _CRT_SECURE_NO_WARNINGS
#include<stdio.h>
#include<stdlib.h>
#define MAX 21//最多的集装箱个数
void disp_solutions(int boxes,int x[])
{
    int j;
    for(j =1; j <= boxes; j++)
        if(x[j])
            printf("将第%d个集装箱装上第 1 艘轮船\n");
        else
            printf("将第%d个集装箱装上第 2 艘轮船\n");
}
void ship_loading(int current,int boxes,int curr_weights,int rest_weights,int capacity,int * max_weights,int weights[],int op[],int x[])
{
    int j;
    if(current > boxes)//全部搜索完后
    {
        //找到满足条件且装载量更大的可行解：是否可行还需要看剩余集装箱能否被第
        //二艘船装载下
        if(curr_weights <= capacity && curr_weights > * max_weights)
        {
            * max_weights = curr_weights;//找到更优解,复制最优解并保存
            for(j =1; j <= boxes; j++)
                x[j]= op[j];
        }
    }
    else   //继续探索其他集装箱
    {
        //选取第 i 个集装箱,左剪枝后装载满足条件的集装箱
        op[current]=1;
        if(curr_weights + weights[current]<= capacity)
            ship_loading(current +1, boxes, curr_weights + weights[current],
                rest_weights - weights[current], capacity, max_weights,
                weights, op, x);
        //不选取第 i 个集装箱,右剪枝后回溯
        op[current]=0;
        if(curr_weights + rest_weights > capacity)
            ship_loading(current +1, boxes, curr_weights, rest_weights -
                weights[current], capacity, max_weights, weights, op, x);
    }
}
int main()
{
    int weights[MAX];//各集装箱质量：下标从 1 开始,{ 0,10,40,40 }
```

```c
42      int x[MAX];                             //第一艘船上集装箱最优选择方案对应的标志数组
43      int op[MAX];                            //临时解标志数组
44      int s1_capacity, s2_capacity;           //两艘船容量
45      int boxes;                              //集装箱个数
46      int ship1_opti_weight =0;               //第一艘轮船最优解的总质量
47      int current_weights =0, rest_weights =0;
48      int i, rest_sum;
49      for(i =0; i < MAX; i++)
50      {
51          x[i]=0;
52          op[i]=0;
53          weights[i]=-1;
54      }
55
56      printf("请输入集装箱的数目和两艘船的载重: \n");
57      //7 152 130
58      scanf("%d%d%d",&boxes,&s1_capacity,&s2_capacity);
59      printf("请输入各集装箱的质量: \n");
60      //90 80 20 12 10 30 40
61      for(i =1; i <= boxes; i++)
62          scanf("%d",&weights[i]);
63
64      for(i =1; i <= boxes; i++)
65          rest_weights += weights[i];
66      //求第一艘轮船的最优解
67      ship_loading(0, boxes, current_weights, rest_weights, s1_capacity, &ship1_opti_weight, weights, op, x);
68
69      printf("求解结果\n");
70      rest_sum =0;                            //第一艘轮船装完后剩余的集装箱质量
71      for(i =1; i <= boxes; i++)
72          if(x[i]==0)
73              rest_sum += weights[i];
74
75      if(rest_sum <= s2_capacity)    //剩余集装箱可被第二艘轮船装载
76      {
77          printf("    最优方案\n");
78          disp_solutions(boxes, x);
79      }
80      else
81          printf("    没有合适的装载方案\n");
82      system("pause");
83      return 0;
84  }
```

在程序清单 9-4 的 ship_loading() 函数中,第 17~26 行代码对应在所有集装箱处理完毕时寻找更优的解决方案。当找到满足条件且装载量更大的可行解(第 20 行)时保存

当前最优解,即在当前已经装载质量未超过载重并且当前载重超过已经保存的最优装载方案对应的最大载重时,便寻找到了更优的装载方案。第 27~37 行为继续探索和回溯的过程,其中第 30~32 行代码对应选取第 i 个集装箱且满足装载条件时继续进行探索,第 34~36 行代码对应不选取第 i 个集装箱且满足装载条件的回溯。

运行结果如下。

```
请输入集装箱的数目和两艘船的载重:
7 152 130
请输入各集装箱的质量:
90 80 20 12 10 30 40
最优方案
将第1个集装箱装上第1艘轮船
将第2个集装箱装上第2艘轮船
将第3个集装箱装上第1艘轮船
将第4个集装箱装上第1艘轮船
将第5个集装箱装上第2艘轮船
将第6个集装箱装上第1艘轮船
将第7个集装箱装上第2艘轮船
```

```
请输入集装箱的数目和两艘船的载重:
3 50 50
请输入各集装箱的质量:
10 40 40
求解结果
      最优方案
将第1个集装箱装上第一艘轮船
将第2个集装箱装上第一艘轮船
将第3个集装箱装上第二艘轮船
```

9.5 任务分配问题

有 $n \geqslant 1$ 件任务需要分配给 n 个人来做,每个人做不同工作时的效率各不相同,用 c_{ij} 来表示第 i 个人处理第 j 个任务所对应的效率,求出总成本最小的任务安排方案。

9.5.1 任务分配问题过程分析

当 $n=4$ 时,4 个人的任务的工作效率用如式(9.1)所示矩阵表示。

$$C = \begin{bmatrix} 9 & 2 & 7 & 8 \\ 6 & 4 & 3 & 7 \\ 5 & 8 & 1 & 8 \\ 7 & 6 & 9 & 4 \end{bmatrix} \tag{9.1}$$

根据回溯算法计算可得,最小任务安排成本为 13,对应的任务安排方案如下:
(1) 第 1 个人安排第 2 项任务;
(2) 第 2 个人安排第 1 项任务;
(3) 第 3 个人安排第 3 项任务;
(4) 第 4 个人安排第 4 项任务。

9.5.2 任务分配问题代码分析

下面对应用回溯算法解决任务分配问题的主要代码进行简要分析。

1. 定义辅助变量

二维数组 cost[MAX][MAX]用于保存不同人员的任务工作效率。Int 型变量 num_works 为实际任务数。Int 型变量 opti_cost 用于保存最短任务时间, 在 task_allocate() 函数递归执行过程中作为输入参数, 将最短的任务时间保存在其中, 在递归过程中需要不断改变。Int 型数组 visited[MAX]为任务访问标志, visited[i]为 1 时表示第 i 个任务已经安排完成。Int 型数组 possible_order[MAX]表示可行解对应的当前任务安排, 但可行解不一定是最优解。Int 型数组 best_order[MAX]为最佳任务安排顺序, current_costs 为累积到目前结点的任务代价。

2. task_allocate()函数

task_allocate()函数通过回溯算法来实现任务安排, 有 8 个参数: current_node 为当前待处理的结点, total 为总任务数, current_costs 为到当前结点所需要的任务消耗, int * popti_cost 为最佳任务分配方案对应的最小值, cost[][MAX]、visited[]、poss_order[]和 best_order[]的含义如"定义辅助变量"中的描述一致。

函数执行时, 首先判定当前递归层次是否已经达到出口, 若到达出口且目前方案优于之前的方案则保存当前方案; 在未到达出口时, 尝试将每一个人分配给当前任务, 若这样的分配方案优于之前保存的方案则继续进行探索, 否则"剪枝"后再回溯, 然后进行下一轮尝试。

实现代码如下。

程序清单 9-5　ex9_5missionAllocation.c

```
1    #define _CRT_SECURE_NO_WARNINGS
2    #include<stdio.h>
3    #include<stdlib.h>
4    #include <limits.h>
5    #define MAX 101                              //最大记录数 101
6    int get_min(int x,int y)
7    {
8        return x < y ? x : y;
9    }
10   void task_allocate(int current_node,int total,int current_costs,int *
     popti_cost,int cost[][MAX],int visited[],int poss_order[],int best_order[])
11   {
12       int j;
13       if(current_node > total)                 //找到解决方案
14       {
15           if(current_costs < * popti_cost)     //保存最佳方案
16           {
17               * popti_cost = current_costs;
18               for(j =1; j <= total; j++)
19                   best_order[j]= poss_order[j];
20           }
21           return;
```

```c
22          }
23      else
24      {
25          for(j =1; j <= total; j++)
26          {
27              if(!visited[j])
28              {
29                  visited[j]=1;
30                  poss_order[current_node]= j;        //保存可行解
31                  current_costs += cost[current_node][j];
32                  if(current_costs < * popti_cost)     //为第j+1个人分配工作
33                      task_allocate(current_node +1, total, current_costs,
                            popti_cost, cost, visited, poss_order, best_order);
34                  visited[j]=0;                       //回溯
35                  poss_order[j]=-1;
36                  current_costs -= cost[current_node][j];
37              }
38          }
39      }
40  }
41  int main()
42  {
43      int cost[MAX][MAX];
44      int num_works;                                  //实际任务数
45      int opti_cost = INT_MAX;                        //最短任务时间
46      int visited[MAX];                               //访问标志
47      int possible_order[MAX];                        //当前任务安排(可行解)
48      int best_order[MAX];                            //最佳任务安排顺序
49      int current_costs =0;                           //累积到目前结点的任务代价
50      int i, j;
51      for(i =0; i < MAX; i++)
52      {
53          visited[i]=0;
54          possible_order[i]=-1;
55          best_order[i]=-1;
56          for(j =0; j < MAX; j++)
57              cost[i][j]=-1;
58      }
59      printf("请输入待处理的任务数目：\n");
60      scanf("%d",&num_works);        //4
61      printf("请输入每个人处理任务的效率信息：\n");
62      //9 2 7 8   6 4 3 7   5 8 1 8   7 6 9 4 --> 13
63      for(i =1; i <= num_works; i++)                  //下标从1开始
64          for(j =1; j <= num_works; j++)
65              scanf("%d",&cost[i][j]);
66
67      task_allocate(1, num_works, current_costs,&opti_cost, cost, visited,
        possible_order, best_order);
68
```

```
69        printf("最优方案：%d\n",opti_cost);
70        for(i =1; i <= num_works; i++)
71            printf("第%d个人安排第%d项任务。\n",i,best_order[i]);
72        system("pause");
73        return 0;
74    }
```

在程序清单 9-5 中，第 4 行处引入头文件"limits.h"的作用是使用其中定义的 INT_MIN 和 INT_MAX 等表示 int 型最大值和最小值的宏常量。

在 task_allocate() 函数中，第 13～22 行代码对应递归程序的出口，当待安排任务的当前结点已经大于总结点数目时意味着已经寻找到一种新的解决方案。此时，需要将最新寻找到的解决方案与已经保存的最优解决方案对比，并保存到当前条件下的最优解决方案中。第 25～38 行代码是对任务安排中的各个结点逐项进行探索，其中第 29～31 行是将结点 j 纳入求解过程继续探索，第 32～33 行是在条件相容的情况下继续探索（若 if 条件不满足则直接进行剪枝），第 34～36 行则对应结点 j 的回溯。

运行结果如下：

```
请输入待处理的任务数目：
4
请输入每个人处理任务的效率信息：
9 2 7 8
6 4 3 7
5 8 1 8
7 6 9 4
最优方案：13
第1个人安排第2项任务。
第2个人安排第1项任务。
第3个人安排第3项任务。
第4个人安排第4项任务。
```

算法设计练习

1. 多数元素是指在数组中出现次数在一半及以上的元素。假定数组是非空的，并且总是存在多数元素，计算给定 n 个元素数组的多数元素。例如，输入为 3 2 3 时，输出结果为 3。

2. 组合 $C_n^r(r \leqslant n)$ 就是从具有 n 个元素的集合中抽取 r 个元素构成的子集合。假定集合为 $\{1,2,\cdots,n\}$，从中任取 r 个数，使用非递归的方法输出所有组合。例如，输入为 n=5 和 r=3 时，输出结果为：1 2 3、1 2 4、1 2 5、1 3 4、1 3 5、1 4 5、2 3 4、2 3 5、2 4 5、3 4 5。

3. 为了测试铺设后路面的平整程度，将一段待测试路面划分成由 $N \times M$ 个正方形方格组成的矩形表示，其中 $1 \leqslant N, M \leqslant 100$。每个方格处于积水('W')和旱地('.')两种状态之一，若干个相邻的积水方格构成一个"池塘"。给定路面的划分数 N 和 M，以及表示路面积水状态的 N 行字符（'W'或'.'），计算其中包含的池塘数（一个正方形被认为与其所有 8 个邻居相邻）。例如，输入以下已知数据：

```
10 12
W........WW.
.WWW....WWW.
....WW...WW.
.........WW.
..........W.
..W......W..
.W.W....WW..
W.W.W.....W.
.W.W......W.
..W.......W.
```

输出结果为 3。

4. 有 N 行 M 列共 $N \times M$ 格的迷宫,每个可移动的格中用数字 1 表示,不可移动的格中用数字 0 表示。给定 $N \times M$ 个数据,起始点和结束点(起始点和结束点均以行号和列号两个坐标表示),计算从起始点到终止点所有可行的路径,要求路径中不能存在重复的点,移动时只能是上下左右 4 个方向。例如,输入以下已知数据:

```
5 6(行数和列数)
1 0 0 1 0 1
1 1 1 1 1 1
0 0 1 1 1 0
1 1 1 1 1 0
1 1 1 0 1 1
1 1(起始点坐标)
5 6(终止点坐标)
```

输出结果为:

```
(1,1)->(2,1)->(2,2)->(2,3)->(2,4)->(2,5)->(3,5)->(3,4)->(3,3)->(4,3)->
(4,4)->(4,5)->(5,5)->(5,6)
(1,1)->(2,1)->(2,2)->(2,3)->(2,4)->(2,5)->(3,5)->(3,4)->(4,4)->(4,5)->
(5,5)->(5,6)
(1,1)->(2,1)->(2,2)->(2,3)->(2,4)->(2,5)->(3,5)->(4,5)->(5,5)->(5,6)
(1,1)->(2,1)->(2,2)->(2,3)->(2,4)->(3,4)->(3,3)->(4,3)->(4,4)->(4,5)->
(5,5)->(5,6)
(1,1)->(2,1)->(2,2)->(2,3)->(2,4)->(3,4)->(3,5)->(4,5)->(5,5)->(5,6)
(1,1)->(2,1)->(2,2)->(2,3)->(2,4)->(3,4)->(4,4)->(4,5)->(5,5)->(5,6)
(1,1)->(2,1)->(2,2)->(2,3)->(3,3)->(3,4)->(2,4)->(2,5)->(3,5)->(4,5)->
(5,5)->(5,6)
(1,1)->(2,1)->(2,2)->(2,3)->(3,3)->(3,4)->(3,5)->(4,5)->(5,5)->(5,6)
(1,1)->(2,1)->(2,2)->(2,3)->(3,3)->(3,4)->(4,4)->(4,5)->(5,5)->(5,6)
(1,1)->(2,1)->(2,2)->(2,3)->(3,3)->(4,3)->(4,4)->(3,4)->(2,4)->(2,5)->
(3,5)->(4,5)->(5,5)->(5,6)
(1,1)->(2,1)->(2,2)->(2,3)->(3,3)->(4,3)->(4,4)->(3,4)->(3,5)->(4,5)->
(5,5)->(5,6)
(1,1)->(2,1)->(2,2)->(2,3)->(3,3)->(4,3)->(4,4)->(4,5)->(5,5)->(5,6)
```

参 考 文 献

[1] KNUTH D E. 计算机程序设计艺术 第1卷 基本算法[M]. 苏运霖,译. 3版. 北京:国防工业出版社,2002.

[2] CORMEN T H,LEISERSON C E,RIVEST R L,等. 算法导论(原书第3版)[M]. 殷建平,徐云,王刚,等译. 北京:机械工业出版社,2012.

[3] ROBERT SEDGEWICK,KEVIN WAYNE. 算法[M]. 谢路云,译. 4版. 北京:人民邮电出版社,2012.

[4] BRUCE ECKEL,CHUCK ALLISON. C++编程思想(两卷合订本)[M]. 刘宗田,袁兆山,潘秋菱,等译. 北京:机械工业出版社,2011.

[5] ANDREI ALEXANDRESCU. C++设计新思维:泛型编程与设计模式之应用[M]. 侯捷,於春景,译. 武汉:华中科技大学出版社,2003.

[6] 萨尼. 数据结构,算法与应用:C++语言描述[M]. 王立柱,刘志红,译. 北京:机械工业出版社,2015.

[7] 布鲁迪. 组合数学(原书第5版)[M]. 冯速,等译. 北京:机械工业出版社,2012.

[8] 罗森. 初等数论及其应用(原书第6版)[M]. 夏鸿刚,译. 北京:机械工业出版社,2015.

[9] 谭浩强. C程序设计(第5版)[M]. 北京:清华大学出版社,2017.